2021年
四川省生态环境
质量报告

四川省生态环境厅 ◎ 编

U0251552

四川大学出版社
SICHUAN UNIVERSITY PRESS

图书在版编目（CIP）数据

2021 年四川省生态环境质量报告 / 四川省生态环境

厅编 . — 成都：四川大学出版社，2023.8

ISBN 978-7-5690-5818-5

Ⅰ . ① 2… Ⅱ . ① 四… Ⅲ . ① 区域生态环境－环境质

量评价－研究报告－四川－ 2021 Ⅳ . ① X321.271

中国版本图书馆 CIP 数据核字（2022）第 228076 号

书　　　名：2021 年四川省生态环境质量报告

　　　　　　2021 Nian Sichuan Sheng Shengtai Huanjing Zhiliang Baogao

编　　　者：四川省生态环境厅

选题策划：毕　潜　王　睿

责任编辑：毕　潜　王　睿

责任校对：胡晓燕

装帧设计：墨创文化

责任印制：王　炜

出版发行：四川大学出版社有限责任公司

　　　　　地址：成都市一环路南一段 24 号（610065）

　　　　　电话：（028）85408311（发行部）、85400276（总编室）

　　　　　电子邮箱：scupress@vip.163.com

　　　　　网址：https://press.scu.edu.cn

审　图　号：川 S【2023】00042 号

印前制作：四川胜翔数码印务设计有限公司

印刷装订：成都金阳印务有限责任公司

成品尺寸：210 mm×285 mm

印　　张：12.25

字　　数：396 千字

版　　次：2023 年 8 月　第 1 版

印　　次：2023 年 8 月　第 1 次印刷

定　　价：260.00 元

扫码获取数字资源

四川大学出版社
微信公众号

编委会

驻市（州）生态环境监测中心站参与编写人员

   黄　静（四川省成都生态环境监测中心站）

   江　欧（四川省自贡生态环境监测中心站）

   杨　玖（四川省攀枝花生态环境监测中心站）

   胡丽梅（四川省泸州生态环境监测中心站）

   杨　贤（四川省德阳生态环境监测中心站）

   谢惠敏（四川省绵阳生态环境监测中心站）

   肖　沙（四川省广元生态环境监测中心站）

   王　媛（四川省遂宁生态环境监测中心站）

   丁雪卿（四川省内江生态环境监测中心站）

   赵　颖（四川省乐山生态环境监测中心站）

   舒　丽（四川省南充生态环境监测中心站）

   余利军（四川省宜宾生态环境监测中心站）

   谭金刚（四川省广安生态环境监测中心站）

   黄　梅（四川省达州生态环境监测中心站）

   唐樱殷（四川省巴中生态环境监测中心站）

   周钰人（四川省雅安生态环境监测中心站）

   张念华（四川省眉山生态环境监测中心站）

   易　蕾（四川省资阳生态环境监测中心站）

   龙瑞凤（四川省阿坝生态环境监测中心站）

   蒋宇超（四川省甘孜生态环境监测中心站）

   苏永洁（四川省凉山生态环境监测中心站）

主　编　单　位　四川省生态环境监测总站

参加编写单位　四川省辐射环境管理监测中心站

发　布　单　位　四川省生态环境厅

前　言

根据《环境监测报告制度》（环监〔1996〕914号），按照《环境质量报告书编写技术规范》（HJ 641—2012）的要求，四川省生态环境厅组织四川省生态环境监测总站编写了《2021年四川省生态环境质量报告》（以下简称《报告》）。《报告》以四川省生态环境监测网络的监测数据为基础，对全省生态环境质量状况、变化趋势进行了深入的分析和总结，提出了主要环境问题及对策建议，为生态环境管理提供了科学的依据和技术支撑。

2021年，四川省生态环境监测网络包括：21个市（州）政府所在城市环境空气质量监测点位104个；21个市（州）政府所在城市降水监测点位67个；地表水考核监测断面343个，布设在长江（金沙江）、雅砻江、安宁河、赤水河、岷江、大渡河、青衣江、沱江、嘉陵江、涪江、渠江、琼江、黄河等十三大流域和14个重点湖库；21个市（州）268个县级及以上城市集中式饮用水水源地监测断面（点位）271个，乡镇集中式饮用水水源地监测断面（点位）2577个；国家地下水环境质量考核点位82个；21个市（州）政府所在城市功能区声环境质量监测点位226个，道路交通噪声监测点位1015个，区域噪声监测点位2838个；村庄环境空气监测点位99个，农村土壤监测点位249个，县域地表水监测断面209个，农村面源污染监测断面52个，农村"千吨万人"饮用水水源地监测断面（点位）431个，日处理能力20吨及以上的农村生活污水处理设施1390家，24个灌溉规模10万亩以上灌区的监测点位27个；土壤国家网基础点位150个，国家网及省网风险源周边土壤环境质量状况监测点位478个；21个市（州）、183个县（市、区）开展遥感监测；全省辐射环境质量监测点位。

《报告》中的监测数据来源于中国环境监测总站组织开展并公布的数据、四川省生态环境监测总站及四川省辐射环境管理监测中心站组织市（州）及县（市、区）监测站开展监测获得的数据。

编　者

2022年6月

目 录

第一篇 概 况

第一章 自然环境概况 …………………………………………………………… 3
　　一、地理位置 …………………………………………………………………… 3
　　二、地形地貌 …………………………………………………………………… 3
　　三、气候 ………………………………………………………………………… 3
　　四、水资源 ……………………………………………………………………… 4
　　五、土壤及国土利用状况 ……………………………………………………… 5
第二章 社会经济概况 …………………………………………………………… 7
　　一、行政区划及人口 …………………………………………………………… 7
　　二、主要经济指标 ……………………………………………………………… 7
　　三、基础设施 …………………………………………………………………… 8
第三章 生态环境保护工作概况 ………………………………………………… 9
　　一、生态环境保护重要措施 …………………………………………………… 9
　　二、生态环境保护成效 ………………………………………………………… 13
第四章 生态环境监测工作概况 ………………………………………………… 14
　　一、全力支撑打好污染防治攻坚战 …………………………………………… 14
　　二、强化全省生态环境监测责任体系 ………………………………………… 14
　　三、确保生态环境监测数据真准全 …………………………………………… 15
　　四、持续提升监测业务能力建设 ……………………………………………… 16
　　五、全面提高快速响应能力 …………………………………………………… 16
　　六、积极开展生态环境监测科研 ……………………………………………… 17

第二篇 污染源

第一章 重点排污单位监测 ……………………………………………………… 21
　　一、监测达标情况 ……………………………………………………………… 21
　　二、主要污染物达标情况 ……………………………………………………… 25
　　三、重点排污单位抽测抽查 …………………………………………………… 25

第二章　大气走航协同监测 ·· 27
　　一、走航监测能力建设情况 ······································ 27
　　二、走航监测应用及成果 ·· 27

第三篇　生态环境质量状况

第一章　生态环境质量监测及评价方法 ································ 31
　　一、城市环境空气 ·· 31
　　二、降水 ·· 32
　　三、地表水 ·· 33
　　四、集中式饮用水水源地 ·· 36
　　五、地下水 ·· 38
　　六、城市声环境 ·· 41
　　七、生态环境 ·· 42
　　八、农村环境 ·· 43
　　九、土壤环境 ·· 45
　　十、辐射环境 ·· 46
第二章　城市环境空气质量 ·· 48
　　一、环境空气质量现状 ·· 48
　　二、环境空气质量变化趋势 ······································ 54
　　三、小结 ·· 57
第三章　城市降水质量 ·· 58
　　一、降水质量现状 ·· 58
　　二、年内变化趋势 ·· 61
　　三、小结 ·· 62
第四章　地表水环境质量 ·· 63
　　一、地表水水质现状 ·· 63
　　二、水质变化趋势 ·· 71
　　三、湖库水质及营养状况 ·· 75
　　四、岷江流域水生态试点监测 ···································· 76
　　五、小结 ·· 83
第五章　集中式饮用水水源地水质 ···································· 84
　　一、县级及以上城市集中式饮用水水源地水质现状 ················ 84
　　二、县级及以上城市集中式饮用水水源地水质变化趋势 ············ 86
　　三、乡镇集中式饮用水水源地水质状况 ·························· 86
　　四、小结 ·· 88
第六章　地下水环境质量 ·· 89
　　一、国家地下水环境质量考核 ···································· 89
　　二、绵阳市重点污染企业（区域）地下水质量试点监测 ············ 95
　　三、小结 ·· 95

第七章　城市声环境质量 ··· 96
　　一、城市区域声环境质量 ··· 96
　　二、城市道路交通声环境质量 ··· 97
　　三、城市功能区声环境质量 ··· 98
　　四、小结 ··· 100
第八章　生态质量状况 ··· 101
　　一、生态质量现状 ··· 101
　　二、生态质量变化趋势 ··· 104
　　三、小结 ··· 107
第九章　农村环境质量 ··· 108
　　一、农村环境状况 ··· 108
　　二、农村面源污染状况 ··· 116
　　三、变化趋势分析 ··· 118
　　四、小结 ··· 119
第十章　土壤环境质量 ··· 120
　　一、国家网基础点土壤环境质量状况 ··· 120
　　二、国家网风险源周边土壤环境质量状况 ····································· 122
　　三、省网风险源周边土壤环境质量状况 ······································· 123
　　四、风险源周边土壤环境质量空间分布状况 ··································· 123
　　五、小结 ··· 124
第十一章　辐射环境质量 ··· 125
　　一、电离辐射环境监测结果 ··· 125
　　二、电磁辐射环境监测结果 ··· 126
　　三、小结 ··· 126

第四篇　专　题

第一章　大气复合污染自动监测数据综合分析及应用 ······························· 129
　　一、冬季重污染成因评估分析 ··· 129
　　二、非甲烷总烃浓度分布特征分析 ··· 132
第二章　涪江流域"十四五"新增国控断面达标预警预测研究 ······················· 134
　　一、基于GIS的水质预测多源数据库 ··· 134
　　二、涪江流域SWAT模型构建与水质预测预警 ··································· 137
第三章　四川省农用地土壤环境动态预警监测研究 ······························· 143
　　一、研究方案 ··· 143
　　二、研究成果 ··· 143
第四章　遥感监测与应用战略合作 ··· 147
　　一、合作开展情况 ··· 147
　　二、重点区域遥感解译成果 ··· 147
　　三、合作展望 ··· 150

第五篇　总　结

第一章　生态环境质量状况主要结论 ··· 153
第二章　主要环境问题 ··· 155
第三章　对策与建议 ··· 157

附　表 ··· 158

2021

第一篇

概　况

第一章　自然环境概况

一、地理位置

四川简称川或蜀，位于中国西南部，地处长江上游，素有"天府之国"的美誉。介于东经92°21′～108°12′和北纬26°03′～34°19′之间，东西长1075余千米，南北宽900余千米。东连渝，南邻滇、黔，西接西藏，北接青、甘、陕三省。面积为48.6万平方千米，次于新疆、西藏、内蒙古和青海，居全国第五位。

二、地形地貌

四川省地貌东西差异大，地形复杂多样，位于我国大陆地势三大阶梯中的第一级青藏高原和第二级长江中下游平原的过渡带，高差悬殊，西高东低的特点明显。西部为高原、山地，海拔多在4000米以上，东部为盆地、丘陵，海拔多在1000～3000米之间。境内最高点在西部大雪山主峰贡嘎山，海拔7556米；最低点在东部邻水县幺滩镇御临河出境处，海拔186.77米。山地和高原占四川省面积的81.4%，可分为四川盆地、川西北高原和川西南山地三大部分。四川省地形地貌如图1.1-1所示。

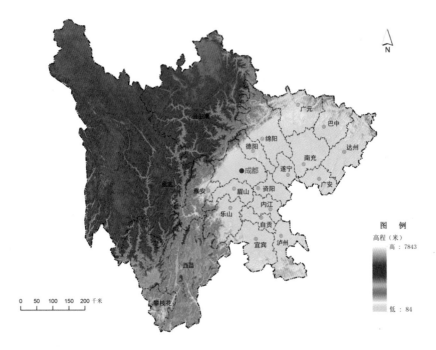

图1.1-1　四川省地形地貌

三、气候

2021年四川省年平均气温15.6℃，较常年偏高0.7℃，与1998年、2007年、2009年和2017年并列历史第3高位。各地年平均气温分布东西差异较大，盆地和攀西大部15℃～20℃，攀枝花21.7℃，为全省最高。川西高原北部和甘孜州理塘附近低于10℃，石渠0.6℃，全省最低。川西高原其余地区和凉山州西部、东北部局地10℃~15℃。与常年同期相比，全省大部地区年平均气温偏高。盆地大部、阿坝州大部、甘孜州东部、凉山州东北部局地偏高0.1℃~1℃，省内其余地区偏高1℃~2℃。阿坝、甘孜和凉山3州共有16县站年平均气温位列本站历史同期第1高位。

2021年四川省年降水量1070.5毫米，较常年偏多12%，位列历史同期第6多位。年降水量的区域分布相差大。川西高原大部、凉山州西部和东北部局地降水量不到800毫米，得荣降水量307.8毫米，为全省最少。盆东北、盆西北、盆中和盆西南局部降水量超过1200毫米，其中广元、巴中、达州、广安、南充、雅安、乐山7市部分地方降水量在1500毫米以上，大竹降水量2361.8毫米，为全省最多。省内其余地区降水量800~1200毫米。与常年同期相比，攀西地区、甘孜州大部、盆南和盆西南大部地方降水量偏少一至四成。省内其余地区降水量偏多，盆西北、盆东北和盆中部分地区偏多五成至1倍。巴中、达州、广安、南充、遂宁、资阳、内江和绵阳8市有15县站突破本站年降水量历史最多记录。

四、水资源

四川省水资源总量丰富，人均水资源量高于全国，多年平均水资源总量为2615.7亿立方米，其中地表水资源总量多年平均为2614.5亿立方米，地下水资源总量多年平均为616.3亿立方米，不重复量多年为1.1亿立方米，水资源以河川径流最为丰富，占总量的99.9%。

1. 地表水资源

四川省河流众多，有"千河之省"之称，境内共有大小河流近1400条，其中流域面积在100平方千米以上的河流有1229条，以长江水系为主。长江干流上游青海巴圹河口至四川宜宾岷江口段称为金沙江，位于四川和西藏、云南边界，主要流经四川西部、南部；支流遍布，较大的有雅砻江、岷江、大渡河、沱江、嘉陵江、青衣江、涪江、渠江、安宁河、赤水河等；黄河流经四川西北部，位于四川和青海交界，支流包括黑河和白河。境内遍布湖泊冰川，其中，湖泊1000余个，冰川200余条，主要湖泊有邛海、泸沽湖和马湖等。四川省地表河流分布如图1.1-2所示。

图1.1-2 四川省地表河流分布

2. 地下水资源

四川省地下水主要分为松散岩类孔隙水、碳酸盐岩岩溶水、基岩裂隙水三大类。松散岩类孔隙水主要分布于成都平原、彭眉平原、峨眉平原、安宁河谷平原、盐源盆地、石渠高原河谷、红原—若尔盖草原等地，面积共约2万平方千米。碳酸盐岩岩溶水主要分布于盆周及川西南山地、盆东及川西高原局部地段，面积共约5.8万平方千米。基岩裂隙水可分为碎屑岩类孔隙裂隙水和变质岩、岩浆岩裂隙水。碎屑岩类孔隙裂隙水主要分布在东部盆地（红层）广大地区和局部盆周山地、川西南山地及川西高原区；盆地西侧边缘、威远穹隆北西翼外围和西南山地的西昌、会理等地；盆地内、盆地周边及西南山地区的背斜翼部、倾没端及向斜轴部，形成自流斜地或向斜盆地，分布总面积15.1万平方千米。变质岩、岩浆岩裂隙水主要赋存在西部高原高山区三叠系西康群砂板岩、片岩和东、西、南边缘山地元古界、古生界的石英岩、板岩、千枚岩、结晶灰岩、大理岩、变质火山岩等的构造裂隙、风化网状裂隙中；西部高山高原区（岩浆岩）、西南山地区以喷出酸性玄武岩为主。

五、土壤及国土利用状况

四川土壤资源有25个土类、63个亚类、137个土属、380个土种，区域分布特征十分明显。东部盆地丘陵为紫色土区域，东部盆周山地为黄壤区域，川西南山地河谷为红壤区域，川西北高山为森林土区域，川西北高原为草甸土区域。四川省土壤类型分布如图1.1-3所示。

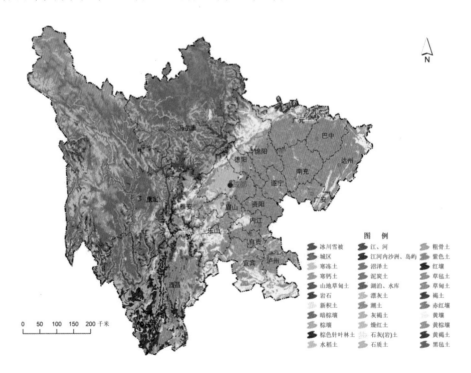

图1.1-3　四川省土壤类型分布

根据四川省第三次全国国土调查主要数据公报，主要地类面积构成：耕地522.72万公顷，以水田、旱地为主，凉山州、南充、达州面积较大；园地120.32万公顷，以果林、茶园为主，主要分布在凉山州、成都、眉山；林地2541.96万公顷，草地968.78万公顷，湿地123.08万公顷，这三类主要分布在三州地区；城镇村及工矿用地184.12万公顷；交通运输用地47.39万公顷；水域及水利设施用地105.32万公顷。四川省各类型土地面积构成比例如图1.1-4所示。

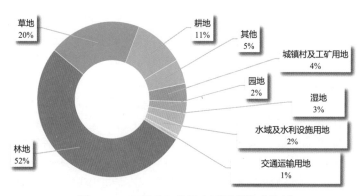

图1.1-4　四川省各类型土地面积构成比例

第二章　社会经济概况

一、行政区划及人口

根据《四川统计年鉴2021》，至2020年末四川省辖21个地级行政区，其中18个地级市、3个自治州；共55个市辖区、18个县级市、106个县、4个自治县，合计183个县级区划；街道459个、镇1978个、乡793个，合计3230个乡级区划；常住人口8371.0万人，城镇化率56.7%。

四川省21个地级行政区分为五大经济区，各经济区的区域范围分别如下：

成都平原经济区：成都、德阳、绵阳、遂宁、资阳、眉山、乐山、雅安。

川南经济区：内江、自贡、宜宾、泸州。

川东北经济区：广元、巴中、达州、广安、南充。

攀西经济区：攀枝花、凉山州。

川西北生态示范区：甘孜州、阿坝州。

四川省五大经济区区域范围及地理位置如图1.2-1所示。

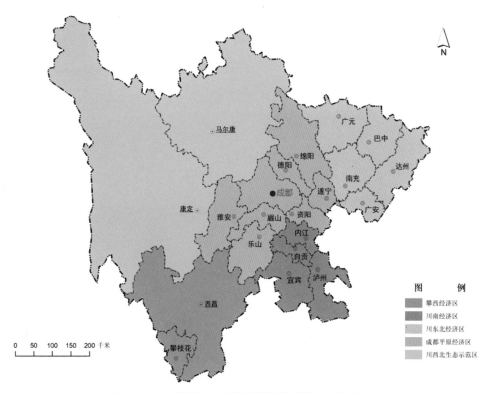

图1.2-1　四川省五大经济区区域范围及地理位置

二、主要经济指标

根据地区生产总值统一核算结果，2021年四川省地区生产总值53850.79亿元，按可比价格计算，比上年增长8.2%；占全国比重达到4.7%，成为全国第六个、西部第一个地区生产总值超过5万亿元的省份。四川作为全国经济大省、西部发展龙头的地位更加突出。

分产业看,第一产业增加值5661.86亿元,比上年增长7.0%;第二产业增加值19901.38亿元,比上年增长7.4%;第三产业增加值28287.55亿元,比上年增长8.9%。

三、基础设施

1. 污水处理

截至2021年底,累计建成城市(县城)生活污水处理厂274座,处理能力1028万吨/日,污水处理率达96.2%。建制镇生活污水处理设施1794个,处理能力162万吨/日,建制镇生活污水集中处理率达52.7%。

2. 垃圾处理

截至2021年底,累计建成城市生活垃圾无害化处理厂(场)150座(其中焚烧发电厂43座),处理能力5.98万吨/日(其中焚烧发电处理能力4.48万吨/日);城市、县城生活垃圾无害化处理率分别达到100%、99.78%;厨余垃圾处理能力5431吨/日。农村生活垃圾收运处置体系覆盖全省96%的行政村,全年整治非正规垃圾堆放点1619处,销号率达100%。

3. 交通

全省新能源汽车保有量30.55万辆。全省在营公交车33468辆,其中新能源公交车16493辆,占比49.3%;在营出租车45976辆,其中新能源出租车10311辆,占比22.4%。全省港口码头具备岸电供电能力泊位98个,具备岸电受电设施船舶189艘。全省高速公路服务区309个,其中155个建有电动汽车充电配套设施,占比50.1%。

第三章 生态环境保护工作概况

2021年，在四川省委、省政府的坚强领导下，全省各地各部门深入贯彻习近平生态文明思想，推进社会经济高质量发展和生态环境高水平保护，全力打好污染防治攻坚战，切实解决生态环境突出问题，全省生态环境质量持续改善，生态文明建设取得新进展。

一、生态环境保护重要措施

1. 深入学习贯彻习近平生态文明思想，坚决扛起生态环境保护的政治责任

全省上下持续跟进学习习近平生态文明思想，贯彻落实习近平总书记关于黄龙溪水质达标、赤水河流域生态环境问题、金川县八一电站生态破坏问题等重要指示批示精神，彻底整改突出环境问题。承办2021年深入学习贯彻习近平生态文明思想研讨会，推动习近平生态文明思想在四川落地生根。省委、省政府高度重视生态环境保护工作，主要领导多次作出批示指示，省委常委会会议、省政府常务会议多次研究生态环境保护工作，都逐一抓好贯彻落实。出台《贯彻省委十一届十次全会精神的实施意见》，实施优化环境影响评价服务等六项具体措施，助力绿色低碳优势产业发展；筹办全省生态环境保护委员会全体会议和全省生态环境保护工作会议，制定实施四川省"十四五"生态环境保护规划、巩固污染防治攻坚战成果行动计划；在成渝地区双城经济圈建设、长江经济带发展、黄河流域生态保护和高质量发展等方面担当作为，以实际行动坚决拥护"两个确立"，做到"两个维护"。

省人大监督助力生态环境保护，2021年省人大常委会两次专题研讨四川省推进长江流域生态环境保护和修复情况，有力开展长江生态环境保护有关地方性法规制订和修改工作，定期督促检查市（州）长江保护重要工作的落实情况。将长江保护法宣传贯彻作为全省"八五"法治宣传教育重要内容。

省政协紧扣建设美丽四川，加强跨流域跨区域生态环境保护等调研视察，积极支持配合民主党派和无党派人士深入开展长江生态环境保护民主监督工作。

2. 多措并举深入打好蓝天保卫战，积极应对气候变化

编制《四川省水生态环境质量和环境空气质量激励约束办法》，每月召开新闻发布会通报空气质量月排名，实施夏季臭氧专项攻坚，冬季细颗粒物专项攻坚，修订重污染天气应急预案，强化重污染天气过程调度，分析指出相关城市突出问题，推动地方落实精准管控。实施工业源、移动源和扬尘源三项专项整治，开展打击伪劣油品、秸秆综合利用、烟花爆竹零售清理整治、森林防火计划烧除。推动川渝地区大气污染联防联控，开展毗邻地区交叉执法检查。

积极加强能源结构调整。持续推动产业结构低碳发展，累计创建省级企业技术创新中心1244家，国家级和省级绿色工厂405家。严格项目节能审查，坚决遏制"两高"项目盲目发展，淘汰退出落后产能企业150余户，减少用能30余万吨标准煤。加快建设清洁能源示范省和国家天然气（页岩气）千亿立方米级产能基地。乌东德、白鹤滩等重大水电工程建成发电，清洁能源装机和发电量占比分别达85.3%、86.6%，水电总装机容量8947万千瓦，全国优质清洁能源基地和国家清洁能源示范省加快建设。

加快交通运输结构调整。重点引导实施"公转铁、公转水"，实施新车国六排放标准，注销老旧车53.85万辆。全面推广新能源汽车，截至2021年底，全省新能源汽车保有量达30.55万辆。

深入贯彻落实党中央碳达峰碳中和决策部署，2021年单位地区生产总值二氧化碳排放强度比2015年下降29.9%，超额完成国家下达的降低19.5%的目标，目标完成率达153.3%。积极参与全国碳排放权交易市场，做好全国碳排放权交易市场第一个履约周期碳排放配额清缴工作，全省共有

46家按时足额清缴，完成配额清缴量7718.51万吨，履约率为99.72%，稳定运行温室气体自愿减排（CCER）交易市场，开展碳市场专题培训，与泛珠三角、重庆等地区开展应对气候变化合作。

3. 狠抓重点领域攻坚，持续打好碧水保卫战

狠抓重点流域攻坚。大力实施"清船""清网""清江""清湖"行动，推进长江、黄河流域水生态环境综合治理，编制赤水河流域"十四五"保护规划，印发实施四川省美丽河湖建设方案。对城乡污水处理设施、省级及以上工业园区污水处理设施开展专项检查，对重点流域开展多轮次暗访暗查。开展长江"三磷"排查整治"回头看"，53个企业完成问题整治。完成105个城市建成区黑臭水体治理，审批入河排污口446个。

全面落实河湖长制。24位省级河长认真履职，全年开展巡河巡湖54次，全省近5万名各级河湖长巡河巡湖360万余次，整治各类河湖问题37万余个。颁布《四川省河湖长制条例》，实现河湖长制从"有章可循"到"有法可依"。开展两轮河湖长制工作暗访，查找并整改问题362个。开展河湖健康评价，首批224个河湖建立"健康档案"。完成14个省级主要河湖和全省设县级以上河湖长的河流湖泊的方案编制，为河湖治理提供指导方案。加强河湖管护联防联控，与云南、重庆等毗邻7个省市联合开展联防联控活动12次。"川渝打造跨省河流联防联控联治合作"获评全国"2020基层治水十大经验"，河湖长制工作群众满意度达到98.3%。

加快推进城市饮用水水源地规范化建设，划定5处、撤销3处县级及以上饮用水水源保护区，运用卫星遥感技术排查水源地环境问题并开展整治，联合重庆市开展川渝跨界饮用水水源地风险防控。加强农村饮用水水源保护，基本完成水源保护区划定、立标并开展环境问题排查整治。

打好污水处理提质增效三年行动"收官之战"。全省35个设市城市累计新（改）建污水管网3529公里，排查污水管网2.64万公里，污水集中收集率达53.7%，基本完成"三个基本消除"目标。三年计划实施污水垃圾处理设施建设项目2059个，计划总投资1061.62亿元，已开工1317个，开工率达63.96%；完工455个，完工率达22.10%；完成投资464.74亿元，占比43.78%。

4. 筑牢医疗危废监管底线，保障生态环境安全

筑牢医废处置防控底线。编制《四川省方舱医院医疗废物处置工作指南》《移动医疗废物处置车辆配置方案》，完善医废协同处置设施清单，新增应急处置能力952吨/日。疫情以来，全省共处置医废14.15万吨，其中涉疫医废1.3万吨，均做到两个"百分之百"。医废处置能力13.17万吨/年，较2017年增长162%。

推进危废收运处置体系建设。全省重点县（市、区）废铅蓄电池集中收集网络基本实现全覆盖，58个单位开展危废集中收集贮存试点，危废跨省转移"白名单"扩大到五大类16家单位。2021年全省危废利用处置能力375.76万吨/年，较2017年增长302%。与重庆签订《成渝地区双城经济圈"无废城市"共建合作协议》，成都、德阳等8个城市创建"无废城市"。

对县级以上饮用水水源地、危险化学品生产企业、尾矿库等进行全覆盖排查风险点位，深入开展医疗废物规范化管理，医疗废水、城镇污水、饮用水水源地等环境应急监测工作。全年有效处置突发环境事件9起，其中输入型1起，省内发生8起，同比下降50%。开展综合性演练1700余次。南充、广元、广安三市联合开展了"天府卫士—2021年疫情防控背景下嘉陵江流域突发生态环境事件多目标应急综合演练"，全省突发生态环境事件的应急处置能力得到较大提升。

确保辐射安全。对全省273家重点核技术利用单位，3000余家一般核技术利用单位开展了辐射安全隐患排查，对全省15台辐照电子加速器启动了辐射安全专项行动；实现全省9家企业的26枚高风险放射源在线监控全覆盖；全年共收贮废旧放射源220枚；完成了四川省城市放射性废物库暂存放射源及其放射性废物的盘查整备工作，累计整备放射源2013枚，低放废物约7吨，极低放废物约131吨。全省核技术利用单位100%持证运行，放射源100%处于安全状态，废旧放射源100%安全收贮，全年未发生辐射安全事故，辐射环境安全可控。

5. 持续推进农村环境整治，打好净土保卫战

持续加强农村环境整治。完成生态环境部下达给四川省的1040个行政村环境综合整治任务。在85个畜牧大县实施畜禽粪污资源化利用整县推进项目，新建成1115个规模养猪场，全省畜禽粪污综合利用率达76%以上，规模养殖场设施设备配套率达99%，有效实现"以种定养、以养定种、就地消纳、种养循环"。实施提升农业废弃物回收利用率。全省秸秆综合利用量超过2800万吨，综合利用率稳定在90%以上，农膜回收率首次突破80%，农药包装废弃物回收利用率达74%以上。

推进农村人居环境整治。持续打好农村生活污水治理攻坚战，出台《四川省农村生活污水处理设施运行维护管理办法》，投入省级资金5亿元继续实施农村生活污水治理"千村示范工程"建设，完成18条纳入国家监管的农村黑臭水体治理，全省63.3%的行政村（含涉农社区）生活污水得到有效治理，资源化利用占比38.25%，各项指标均居全国前列。启动实施农村人居环境整治五年提升行动，争取中央"厕所革命"项目资金9.65亿元、全国第一，完成1300个行政村、60万户"农村改厕"民生项目，稳步推进"沼改厕"，全省农村卫生厕所普及率达87%。健全农村生活垃圾收运处置体系，已覆盖全省96%的行政村，行政村基本配齐保洁员。农村人居环境整治工作被国务院激励通报，眉山市青神县、乐山市井研县、达州市万源市、雅安市汉源县、绵阳市梓潼县等5个县（市）获评全国村庄清洁行动先进县，数量全国第一。

加强土壤污染防治。开展全省重点行业企业用地土壤污染状况调查，排查工业企业10704家、信息采集地块5330个、采样调查地块801个、工业园区40个，获取数据近60万个，调查成果报生态环境部。完成925家土壤重点监管单位隐患排查、自行监测和监督性监测；持续开展涉镉等重金属行业企业排查整治，排查重点区域492个、企业1000余家，整治企业223家；建立全省风险源管控清单，并实施动态调整。在全国率先开展长江黄河上游土壤风险管控区建设，启动15个分区管控试点区建设。

完成四川省地下水环境调查评估与能力建设一期项目、2个地下水污染防治试点项目建设，广元市入选全国地下水污染防治试验区，2021年度四川省地下水生态环境保护工作在生态环境部综合评估中获得优秀等次。

6. 加强生态系统保护修复，维护生态系统性稳定

加强国土空间生态保护修复。在全国率先建立省、市、县三级国土空间生态修复规划体系，出台全国首个市级国土空间生态修复规划编制指南，完成省级生态修复规划编制，21个市（州）生态修复规划形成初步成果，联合重庆市编制完成长江、嘉陵江等"六江"生态廊道建设规划。长江干支流沿岸10公里范围内历史遗留矿山生态修复实现全面"清零"。启动历史遗留矿山生态修复三年行动计划，推进长江干支流沿岸10~50千米、黄河流域、青藏高原等重点区域历史遗留矿山生态修复项目。积极谋划若尔盖草原湿地山水林田湖草沙一体化保护和修复工程，完成广安华蓥山区山水林田湖草生态保护修复国家工程试点，全面启动41个国家和省级乡镇全域土地综合整治试点，成都市环城生态区、成德眉资交界地带、"9·16"泸县地震灾区探索开展"土地综合整治+生态修复"新模式。

大力推进生态文明示范创建，印发《四川省省级生态县管理规程》和《四川省省级生态县建设指标》，成都市锦江区等8个县（区）入选第五批国家生态文明建设示范县，荥经县、泸定县入选第五批"绿水青山就是金山银山"实践创新基地。14个县（市、区）被命名为省级生态县（市、区）。截至2021年底，全省已累计建成国家生态文明建设示范县22个、"绿水青山就是金山银山"实践创新基地6个，数量位居全国前列、西部领先。大熊猫国家公园正式设立，若尔盖国家公园加快创建。

进一步加强生物多样性保护。组织参加联合国《生物多样性公约》第15次缔约方大会（COP15），完成相关会务接待和线上参展工作。制定贯彻落实中央办公厅、国务院办公厅《关于进一步加强生物多样性保护的意见》责任分工方案。启动编制《四川省生物多样性保护战略与行动

计划（2021—2035年）》和《四川省生物多样性保护重大工程十年规划（2021—2030年）》，组织推动"五县两山两湖一线"（即黄河流域5县，贡嘎山、海子山、泸沽湖、邛海自然保护地，川藏铁路沿线）等重点区域开展生物多样性调查。

完成生态保护红线评估调整工作，全省生态保护红线面积达到14.9万平方千米；优化整合各级各类自然保护地，全省自然保护地面积达到10万平方千米。组织开展生态保护红线生态破坏问题监管试点，完成1208个疑似生态破坏问题核查工作。组织开展2021年度自然保护地"绿盾"行动，推进大熊猫国家公园小水电问题整改，实施"长江十年禁渔"，对甘孜州"格聂之眼"生态破坏问题坚决叫停，完成22个自然保护区保护成效评估。

2021年，56个开展生态环境动态变化评价的国家重点生态功能区县域中，生态环境"轻微变好"的县域占1.8%，"基本稳定"的县域占98.2%，无变差的县域。

7. 深化"放管服"改革，持续优化营商环境

加快实施生态环境分区管控。21个市（州）全面完成"三线一单"编制成果更新完善和发布应用。推动生态环境分区管控融入地方党委政府的决策部署，引导矿产、交通、水利、园区等相关规划编制。在全国率先研究制定园区规划环评、项目环评与"三线一单"符合性分析技术要点，简化、优化环评管理，促进环评效能提升。四川省5个集体和30名个人获生态环境部"三线一单"工作表现突出集体和个人表扬。运用"三线一单"辅助支撑环评预审案例入选生态环境部"三线一单"应用首批案例推广。"三线一单"数据系统获数字中国建设峰会奖项。

提升环评服务质效。继续用好环评预审服务机制，对344个建设项目实施环评预审，对3419个拟签约项目提前介入服务指导。主动对接地方政府和省直部门，建立国省重点项目年度清单，实行"一项目一专班"服务，定期调度研判项目环评进展，指导加快环评进度。全省审批项目环评6717个。

深化简政放权。向成都、自贡等12市落实重点项目推进和投资运行"红黑榜"激励政策，向成都及7个区域中心城市下放35项省级权限，赋予成都省级环评审批权限，调整下放白酒酿造园区规划环评审查权限。实现全省排污许可"一网通办""川渝通办""跨省通办"。政务窗口增设"延时服务"等5项服务。

加强环评质量监管。完善环评质量考评"红黑榜"，加强环评质量监管，召开两次新闻发布会通报考评结果，对86家环评编制单位及120名编制人员予以通报批评和失信记分，记分处罚力度居全国前列，并通过"黑榜"公开。评选7份环评文件为第一批优秀环评文件，并通过"红榜"公布。开展环评诚信专项整治工作，对21个市（州）开展环评与排污许可质量监管帮扶指导全覆盖。

夯实排污许可制。已将12.67万余家固定污染源纳入排污许可管理范围，依法依规核发排污许可证18602张、整改通知书110张、排污登记108104家，提前超额完成"双百"任务目标。

将4个辐射类行政处罚权力下放至7个区域中心城市生态环境部门；实现"减材料"事项16项，"当日办结"事项7项；全年共组织审查辐射类环评文件122个，办理辐射安全许可相关事项315件，办结放射性同位素与射线装置有关审批和备案事项1278件；与重庆市生态环境局简化了川渝两地放射源异地使用备案及注销手续的办事流程。

8. 加强环保督察执法，持续用力整改生态环境突出问题

高质量服务保障中央督察。成立四川省迎接第二轮中央生态环境保护督察工作领导小组，统筹全省迎检工作。完成各类文稿材料，筹备迎检专题会10余次，收集归档资料1.4万余份，提前梳理15个方面重点问题并推动整改，化解泸沽湖生态破坏等一批潜在典型案例。强化边督边改，开展典型案例追责初步调查，提前启动整改方案编制，积极配合做好意见反馈。在此次接受督察的7个省份和中央企业中，被列为第一档次。截至2021年底，督察组累计交办的6532件信访件，已办结6030件，阶段性办结502件。

全覆盖开展第二轮省级督察。继续坚持和完善四川特色做法，推动出台《关于贯彻落实〈中央生态环境保护督察工作规定〉规范开展省级生态环境保护督察的通知》，为规范开展省级督察提供了制度保障。完成对成都等5个市（州）的省级督察，实现第二轮全覆盖，特别是由省政府主要领导带队开展督察，属全国首次。截至2021年底，689项第二轮省级督察整改任务已完成557项，5038个移交信访问题已完成4769个。

强化生态环境执法。2021年，共办理环境违法案件4644件，处罚金额36945.05万元，适用《环境保护法》四个配套办法及涉嫌环境污染犯罪移送司法机关五类案件总数为250件。其中，按日计罚案件数2件，查封、扣押案件109件，限产、停产案件23件，移送行政拘留案件97件，涉嫌环境犯罪案件19件。对机动车检验检测机构开展监督检查1300余家次，查处违法检验机构13家，累计罚款金额188万元。

9. 深化改革创新，提升生态环境治理体系和治理能力现代化水平

加快推进生态环境地方立法，出台《四川省老鹰水库饮用水水源保护条例》《四川省赤水河流域保护条例》《四川省嘉陵江流域生态环境保护条例》等地方法规，积极配合开展云贵川共同立法、川渝协同立法。推进固废污染防治条例修订和土壤污染防治条例、岷江流域保护条例立法调研，发布《四川省泡菜工业水污染物排放标准》《四川省加油站大气污染物排放标准》《四川省水泥工业大气污染物排放标准》《天然气开采含油污泥综合利用后剩余固相利用处置标准》4项地方生态环境标准。

加强生态环境资金保障，争取中央资金21.71亿元，涉及中央水污染防治专项资金12.69亿元，中央大气污染防治专项资金4.01亿元，中央农村环境整治资金2.26亿元，中央土壤污染防治专项资金2.75亿元。统筹安排省级生态环保专项资金26.93亿元。

强化全省生态环境监测责任体系。修改完善《四川省地表水环境质量排名方案（试行）》《四川省城市环境空气质量排名方案（试行）》，压实各级党委、政府环境保护主体责任。印发全省环境质量自动站管理办法等制度文件，将有关工作纳入党政同责考核内容和"双随机"执法监管。开展自动站运行条件保障专项行动和暗查暗访，在402个国、省控自动站采样口完成警示标识标牌安装，在6个市开展大气组分站建设，在11个市选取801家排污单位开展第二批固定污染源自动监测监控体系试点建设，安装4000余套监测监控设备。

强化宣传引导。在省市"一台一报一网"上开设环保督察专题专栏，积极引导公众参与和监督，相关信息累计达240万余条，阅读点击量超500万人次。全省边督边改成效、群众信访举报件办理情况宣传报道2万余篇。对典型案例、重点信访举报件、重复信访举报件等开展24小时舆情监测，编发《舆情专报》《动态简报》，及时准确传递督察动态信息。中央环保督察期间全省大气环境质量持续向好，成都蓝、西岭雪山的美景刷爆朋友圈，得到了社会各界和群众广泛点赞。

二、生态环境保护成效

在中央对省（区、市）2020年度污染防治攻坚战成效考核中，四川省继续获评"优秀"等次。圆满完成2021年国家下达的生态环境保护约束性指标任务。细颗粒物（$PM_{2.5}$）平均浓度32微克/立方米，较三年均值下降4.5%；优良天数率89.5%，较三年均值上升0.1个百分点；氮氧化物、挥发性有机物重点工程减排量分别为5.2万吨、0.85万吨。"窗含西岭千秋雪"的美景频现，2021年在成都中心城区遥望雪山的次数已从2015年的16次增加到近70次。全省203个国考断面，195个达到Ⅲ类以上，优良断面占比96.1%，无Ⅴ类和劣Ⅴ类水体；化学需氧量、氨氮重点工程减排量分别为8.2万吨、0.91万吨，重要江河湖泊水域功能区水质达标率为99.3%。习近平总书记关心的成都府河黄龙溪断面、"老大难"自贡釜溪河碳研所断面均稳定达标。沱江、岷江、琼江等河流水生态系统逐步恢复。土壤环境保持总体稳定。

第四章 生态环境监测工作概况

2021年，四川省生态环境监测系统在生态环境部的有力指导下，在省委、省政府和厅党组的坚强领导下，强化全系统监测能力建设，大力提升队伍监测业务水平，加快推进生态环境风险预警监测监控体系建设，强化监测责任体系构建，全力支撑打好污染防治攻坚战，推动生态环境质量持续改善，开启新时期生态环境监测新格局。

一、全力支撑打好污染防治攻坚战

共商共建生态环境监测网络。会同发改、财政等10部门印发了《四川省生态环境监测网络建设规划》，建设生态环境监测网络，建立会商制度、数据共享机制、信息发布管理制度，与水利、住建、气象等部门实现生态环境监测数据共享联动，畅通国、省、市三级数据交换渠道。近三年全省投入16亿元统筹建成监测点位 3 万余个，比"十三五"初期增加近一倍。基本实现监测网络从粗放到精准、从分散封闭到集成联动、从现状监测到全面预测预警的转变。

全面建立监测监控预警网络。建成2634个环境质量自动站，10个大气复合组分站，25台颗粒物和挥发性有机物走航车，1291路固废千里眼，3700余个在线监控点位。在11个市选取1300余家排污单位开展固定污染源自动监测监控体系试点建设，安装6900余套自动监测、视频、用电监控设备，实现省、市、县数据共享，并运用于正面监督执法清单，监控企业重污染天气错峰或轮停。在重要流域7个省控断面补充重金属和水质有机物自动监测能力，在 6 个重点湖库建设富营养化自动监测站点。

提升环境质量预警预报水平。进一步优化空气质量数值预报模型清单和下垫面参数，开展西南5省空气质量等级预报和54个城市臭氧污染形势预测周报，准确率达92.7%，处于全国5个区域中心前列。在西南重点地区开展气象条件评估、卫星遥感数据应用、小尺度模型应用、成渝地区重污染应急减排效果评估等探索拓展工作，进一步提高空气质量精细化预测预报能力。开展重点流域国控断面水环境预警预报工作，初步具备未来7天水质预报能力。

试点开展国家碳监测评估工作。编制《四川省温室气体监测能力建设项目实施方案》，规划建设多要素温室气体遥感和在线监测能力，在全省重点区域逐步开展温室气体监测，形成温室气体监测能力，支撑全省温室气体排放研究决策和双碳战略。

二、强化全省生态环境监测责任体系

利用环境质量排名压实地方主体责任。为推动全省生态环境质量持续改善，在认真学习国家环境空气及地表水排名方式方法的基础上，结合四川省实际情况，完善并印发《四川省地表水环境质量排名方案（试行）》和《四川省城市环境空气质量排名方案（试行）》。每月发布21个市（州）、183个县（市、区）的地表水和空气质量排名及变化情况。进一步压实各级党委、政府的环境保护主体责任，充分发挥环境质量排名的倒逼作用。

落实市县环境监测数据质量责任。将国省控环境质量自动站基础条件保障和自动监测数据质量工作纳入地方党委、政府生态环境保护党政同责考核内容。制定印发四川省环境空气、地表水质量监测网络自动监测系统建设及运行管理办法，出台《关于进一步加强环境质量自动站运行监管工作的紧急通知》，明确"八个禁止"。与省市场监管、公安、司法部门建立了协同监管机制，开展联合检查，共同推动监测数据质量责任体系落地落实。各市（州）已建立防范人为干扰采样条件机制和监测数据异常处理机制。

开展预防人为干扰监测的暗察暗访。开展自动站运行条件保障专项行动，对全省402个国、省控自动站进行逐一核查，对重点流域水站运行保障情况开展暗查暗访。402个自动站采样口完成警示标识标牌安装。开展常态化预防人为干扰监测的暗察暗访，根据水环境预警预报平台技术，动态更新水站重点盯防名单，现场检查运行维护、质控情况、采水口环境条件以及上游人为干扰等情况。

三、确保生态环境监测数据真准全

构建生态环境监测质量管理体系。全省各级生态环境监测站按照《检验检测机构资质认定能力评价 检验检测机构通用要求》（RB/T 214—2017）以及《检验检测机构资质认定 生态环境监测机构评审补充要求》的规定建立完善管理体系，编制管理体系文件，组织参加计量认证（资质认定）评审及监测技术人员持证上岗考核。全省各级生态环境监测机构共有1353人次参加了技能考核。

加强生态环境监测监督管理。完善四川省生态环境监测业务管理系统，对第三方环境监测机构实行采样、分析、报告"一站式"网上监管，目前系统中已有300余家监测机构、26万余个项目登记入库。对130家参与生态环境监测工作的机构开展能力考核，涉及水质、环境空气和废气、土壤等要素11个项目。在3个城市试点开展生态环境监测机构环境信用试点评价工作，并与市场监管部门开展联合惩戒。

坚决打击各类违法违规行为。2021年以来，四川省共查处10起篡改伪造自动监测数据案件，处罚约460万元；移送公安部门10起，其中行政拘留7起，追究刑事责任3起，受到生态环境部通报表扬。同时，严肃查处5起人为干扰或影响国控站点事件，有30人受到党纪政纪处分，刑事处罚2人。

2021年四川省生态环境监测机构能力考核

四、持续提升监测业务能力建设

开展监测业务全员培训。2021年，按照厅党组提出的"人人懂监测，人人会监测"工作要求，分级分类推进监测业务提能培训。对全省生态环境系统行政管理和督察执法人员举办180余期监测业务培训班，培训1.6万余人次，实现全员覆盖。组织编制《生态环境业务工作实战手册》（生态环境监测篇），系统归纳总结生态环境监测内容及流程。建立驻市（州）站之间，市、县之间对口技术帮扶机制，全省共安排653人蹲点帮扶和跟岗学习。鼓励全省59个未取得资质的县（区）监测机构申请检测资质，协调省市场监管部门集中审查。

开展监测业务标兵和岗位能手评选活动。为全面提升全省生态环境监测系统干部职工专业技术能力，打造一支政治强、本领高、作风硬、敢担当的生态环境保护监测铁军，组织全省23支队伍200名选手参加环境监测标兵能手省级竞赛比武活动，通过理论知识考试、水质执法监测现场取证调查、便携式快速分析仪现场操作等考核环节，选拔业务标兵和岗位能手。发挥标兵引领示范作用，提升全省监测技术整体水平。

开展执法人员监测采样培训考核。为提高环境监察执法人员监察执法水平，支撑深入打好污染防治攻坚战，对全省1734名执法人员进行监测采样培训和考核，1374人考核合格。

2021年非辐射类环境监测标兵能手省级竞赛比武现场

五、全面提高快速响应能力

持续加强环境应急监测能力建设。近两年省级投入5亿余元，用于省、市、县三级监测机构环境应急监测能力建设，配备便携式重金属分析仪、余氯分析仪、气质联用仪、有毒有害气体分析仪、无人机等设备共计6000余台（套），新增230余辆应急监测业务车，购置5000米围油栏等应急物资，3000余套防护服，构建"1+7+3"的省级环境应急物资储备体系，基本形成全省环境应急监测快速响应协同作战网络。11个市具备地表水109项指标分析能力，4个市具备挥发性有机物和细颗粒物组分监测能力，71个县级监测站达到国家三级监测站标准。着手开展《四川省生态环境监测系统生态环境应急监测能力建设指南》编制工作。采用线上及现场培训相结合的方式，对厅机关及下属事业单位行政人员、执法人员及市县两级监测站开展应急监测技术培训。

及时高效开展应急监测。省、市、县三级监测机构以战促练，成功开展川陕甘跨省流域"铊污染"等27起突发环境事件应急监测，在实战中提升全省监测机构快速响应能力。成功举办"天府行动""天府卫士"系列突发生态环境事件应急演练，累计开展突发生态环境事件应急监测演练2000余次，出动人员2万余人次，分管省领导两次莅临现场指挥，全省环境应急实战能力得到有效提升。组织全省开展夏季、秋冬大气走航监测1500余次，3万多公里，累计发现高值区域近1100个，问题点位570个，移交线索400余条，为精准执法和科学管控提供行动导向。

开展全省疫情防控应急监测工作。省级统筹谋划，部署疫情防控监督工作，组织技术骨干帮扶指导；地方整合力量，对医院、隔离点等重点区域开展监测，驰而不息筑牢疫情防控安全线。

2021年嘉陵江"1·20"甘陕川交界断面铊浓度异常事件应急监测

六、积极开展生态环境监测科研

承担国家重点研发计划及省级重大科技专项研究。积极与北京大学、武汉大学等高校合作，开展成渝地区大气$PM_{2.5}$和VOCs组分监测、空气质量及水环境精细化预警预报、环境监测仪器研发等科技攻关，进一步提高预测预报水平，为环境质量动态管理提供监测数据服务，为污染防治提供靶向决策支撑。

主动参与国家生态环境保护标准项目编制。充分发挥生态环境监测人员的技术潜力，承担和参与《水质 电导率的测定 电导率仪法》《水中杀菌剂 苯菌灵和多菌灵 高效液相色谱法》《排污单位自行监测技术指南 稀有稀土金属冶炼》等国家标准及技术规范编制工作，为打赢污染防治攻坚战提供有力的监测技术保障。

建设持久性有机污染物防控研究重点实验室。为开展环境介质中持久性有机污染物综合监测研究，为环境管理部门提供POPs履约的数据支撑，按照《四川省环境保护重点实验室管理办法》的要求，谋划建设持久性有机污染物防控研究重点实验室，开展持久性有机污染物、新型污染物的监测、消减及控制技术的研究。

2021

第二篇

污染源

第一章　重点排污单位监测

　　按照《重点排污单位名录管理规定》（试行）的筛选要求，2021年四川省重点排污单位共计3606家，较2020年增加800家。四川省各级环境监测机构根据相关要求，按照任务分工和属地化管理原则，对2967家重点排污单位开展了监督性监测，主要涉及水环境、大气环境、土壤环境、声环境和其他五大类型。

一、监测达标情况

1. 水环境重点排污单位

　　2021年，四川省21个市（州）应监测水环境重点排污单位1073家，实际监测959家，实际监测率为89.4%；942家排污单位达标，达标率为98.2%。2021年四川省各市（州）水环境重点排污单位监测情况见表2.1-1。

表2.1-1　2021年四川省各市（州）水环境重点排污单位监测情况

市（州）	年度应监测企业数（家）	年度实际监测企业数（家）	年度不达标企业数（家）	年度实际监测率（%）	监测达标率（%）
成都	367	329	6	89.6	98.2
自贡	27	23	0	85.2	100
攀枝花	29	26	1	89.7	96.2
泸州	30	29	0	96.7	100
德阳	61	59	0	96.7	100
绵阳	48	48	1	100	97.9
广元	48	46	0	95.8	100
遂宁	36	34	0	94.4	100
内江	36	32	2	88.9	93.8
乐山	48	43	0	89.6	100
南充	53	50	2	94.3	96.0
宜宾	62	59	1	95.2	98.3
广安	41	39	0	95.1	100
达州	33	26	0	78.8	100
巴中	29	28	0	96.6	100
雅安	25	19	2	76.0	89.5
眉山	34	32	1	94.1	96.9
资阳	18	17	0	94.4	100
阿坝州	9	8	1	88.9	87.5

市（州）	年度应监测企业数（家）	年度实际监测企业数（家）	年度不达标企业数（家）	年度实际监测率（%）	监测达标率（%）
甘孜州	1	1	0	100	100
凉山州	38	11	0	28.9	100
全省	1073	959	17	89.4	98.2

2. 大气环境重点排污单位

2021年，四川省21个市（州）应监测大气环境重点排污单位988家，实际监测768家，实际监测率为77.7%；743家排污单位达标，达标率为96.7%。2021年四川省各市（州）大气环境重点排污单位监测情况见表2.1-2。

表2.1-2　2021年四川省各市（州）大气环境重点排污单位监测情况

市（州）	年度应监测企业数（家）	年度实际监测企业数（家）	年度不达标企业数（家）	年度实际监测率（%）	监测达标率（%）
成都	218	190	1	87.2	99.5
自贡	20	18	0	90.0	100
攀枝花	31	31	4	100	87.1
泸州	36	29	3	80.6	89.7
德阳	38	37	4	97.4	89.2
绵阳	45	41	0	91.1	100
广元	33	27	0	81.8	100
遂宁	15	12	1	80.0	91.7
内江	25	22	0	88.0	100
乐山	101	91	0	90.1	100
南充	16	14	1	87.5	92.9
宜宾	41	34	3	82.9	91.2
广安	28	22	0	78.6	100
达州	173	111	3	64.2	97.3
巴中	5	5	0	100	100
雅安	38	14	0	36.8	100
眉山	40	29	2	72.5	93.1
资阳	27	23	1	85.2	95.7
阿坝州	16	12	2	75.0	83.3
甘孜州	3	1	0	33.3	100
凉山州	39	5	0	12.8	100
全省	988	768	25	77.7	96.7

3. 土壤环境重点排污单位

2021年，四川省21个市（州）应监测土壤环境重点排污单位948家，实际监测683家，实际监测率为72.0%；614家排污单位达标，达标率为89.9%。2021年四川省各市（州）土壤环境重点排污单位监测情况见表2.1-3。

表2.1-3　2021年四川省各市（州）土壤环境重点排污单位监测情况

市（州）	年度应监测企业数（家）	年度实际监测企业数（家）	年度不达标企业数（家）	年度实际监测率（%）	监测达标率（%）
成都	260	250	2	96.2	99.2
自贡	16	15	0	93.8	100
攀枝花	40	0	0	0	—
泸州	51	48	5	94.1	89.6
德阳	50	50	10	100	80.0
绵阳	75	72	20	96.0	72.2
广元	23	23	4	100	82.6
遂宁	41	40	0	97.6	100
内江	28	0	0	0	—
乐山	52	5	0	9.6	100
南充	21	21	0	100	100
宜宾	43	43	8	100	81.4
广安	24	24	3	100	87.5
达州	19	18	4	94.7	77.8
巴中	4	4	0	100	100
雅安	52	0	0	0	—
眉山	36	36	4	100	88.9
资阳	12	12	0	100	100
阿坝州	9	9	6	100	33.3
甘孜州	16	13	3	81.3	76.9
凉山州	76	0	0	0	—
全省	948	683	69	72.0	89.9

4. 声环境重点排污单位

2021年，四川省21个市（州）应监测声环境重点排污单位4家，实际监测4家，实际监测率为100%；4家排污单位均达标，达标率为100%。2021年四川省各市（州）声环境重点排污单位监测情况见表2.1-4。

表2.1-4　2021年四川省各市（州）声环境重点排污单位监测情况

市（州）	年度应监测企业数（家）	年度实际监测企业数（家）	年度不达标企业数（家）	年度实际监测率（%）	监测达标率（%）
攀枝花	3	3	0	100	100
绵阳	1	1	0	100	100
全省	4	4	0	100	100

5. 其他重点排污单位

2021年，四川省21个市（州）应监测其他重点排污单位593家，实际监测553家，实际监测率为93.3%；542家排污单位达标，达标率为98.0%。2021年四川省各市（州）其他重点排污单位监测情况见表2.1-5。

表2.1-5　2021年四川省各市（州）其他重点排污单位监测情况

市（州）	年度应监测企业数（家）	年度实际监测企业数（家）	年度不达标企业数（家）	年度实际监测率（%）	监测达标率（%）
成都	361	361	3	100	99.2
自贡	1	1	1	100	0
攀枝花	5	5	0	100	100
泸州	3	0	0	0	—
德阳	22	21	3	95.5	85.7
绵阳	8	7	0	87.5	100
广元	0	0	0	—	—
遂宁	0	0	0	—	—
内江	37	34	0	91.9	100
乐山	13	12	0	92.3	100
南充	31	29	1	93.5	96.6
宜宾	5	4	0	80.0	100
广安	13	13	0	100	100
达州	45	44	1	97.8	97.7
巴中	7	7	0	100	100
雅安	0	0	0	—	—
眉山	2	2	0	100	100
资阳	11	11	1	100	90.9
阿坝州	5	2	1	40.0	50.0
甘孜州	9	0	0	0	—
凉山州	15	0	0	0	—
全省	593	553	11	93.3	98.0

二、主要污染物达标情况

1. 化学需氧量

2021年，四川省废水污染源化学需氧量外排达标率为99.8%。其中，水环境重点排污单位化学需氧量外排达标率为99.5%，其他重点排污单位化学需氧量外排达标率为99.7%。

自贡、攀枝花、泸州、德阳、绵阳、广元、遂宁、内江、乐山、南充、宜宾、广安、达州、巴中、雅安、资阳、凉山17个市（州）化学需氧量外排达标率为100%。

2. 氨氮

2021年，四川省废水污染源氨氮外排达标率为99.8%。其中，水环境重点排污单位氨氮外排达标率为99.5%，其他重点排污单位氨氮外排达标率为100%。

自贡、攀枝花、泸州、德阳、绵阳、广元、遂宁、乐山、南充、广安、达州、巴中、雅安、眉山、资阳、阿坝、凉山17个市（州）氨氮外排达标率为100%。

3. 二氧化硫

2021年，四川省工业废气污染源二氧化硫外排达标率为99.6%。其中，大气环境重点排污单位二氧化硫外排达标率为99.8%，其他重点排污单位二氧化硫外排达标率为100%。

自贡、攀枝花、泸州、德阳、绵阳、广元、遂宁、内江、乐山、南充、宜宾、广安、达州、巴中、雅安、眉山、资阳、阿坝、凉山19个市（州）二氧化硫外排达标率为100%。

4. 氮氧化物

2021年，四川省工业废气污染源氮氧化物外排达标率为99.5%。其中，大气环境重点排污单位氮氧化物外排达标率为99.8%，其他重点排污单位氮氧化物外排达标率为100%。

成都、自贡、攀枝花、泸州、德阳、绵阳、广元、内江、乐山、南充、宜宾、广安、达州、巴中、雅安、眉山、资阳、阿坝、凉山19个市（州）氮氧化物外排达标率为100%。

三、重点排污单位抽测抽查

2021年，四川省生态环境监测总站组织对成都、德阳、绵阳、宜宾、泸州、内江、广元、达州、乐山、南充、广安、雅安、阿坝等13个市（州）辖区内的6家水环境重点排污单位、24家大气环境重点排污单位进行了抽查抽测，所有企业抽测项目排放均达标。2021年水环境重点排污单位抽测达标情况见表2.1-6，2021年大气环境重点排污单位抽测达标情况见表2.1-7。

表2.1-6 2021年水环境重点排污单位抽测达标情况

市（州）	抽测水环境重点排污单位数（家）	抽测达标企业数（家）
成都	6	6
合计	6	6

表2.1-7 2021年大气环境重点排污单位抽测达标情况

市（州）	抽测大气环境重点排污单位数（家）	抽测达标企业数（家）
成都	4	4
泸州	1	1
德阳	1	1
绵阳	1	1

续表2.1-7

市（州）	抽测大气环境重点排污单位数（家）	抽测达标企业数（家）
广元	2	2
内江	1	1
乐山	4	4
南充	2	2
宜宾	4	4
广安	1	1
达州	1	1
雅安	1	1
阿坝	1	1
合计	24	24

第二章 大气走航协同监测

随着大气污染形势日趋严峻，污染防治工作已步入深水区。颗粒物及挥发性有机物（VOCs）走航等新型监测技术在大气污染防治方面的应用得到快速发展。通过走航监测，可实时获取污染物浓度时空画像，掌握污染物浓度分布、高值区域及高值时段，实现污染源排放的精准溯源、联动管控、高效治理。

一、走航监测能力建设情况

近年来，四川省颗粒物及挥发性有机物（VOCs）走航监测硬件能力得到极大提升，实现了全省盆地内城市走航监测能力全覆盖。截至2021年底，省级配置颗粒物及挥发性有机物（VOCs）走航车各2台；全省地级市走航监测车辆共计29台，其中成都、自贡等16个城市共配置颗粒物激光雷达走航车17台，较2020年增加3个城市；成都、自贡等11个城市共配置挥发性有机物（VOCs）走航车12台，较2020年也增加3个城市。

二、走航监测应用及成果

在大气污染防治工作形势日趋严峻的大背景下，"冬防颗粒物，夏防臭氧"已成为当今大气污染防治的重点工作，颗粒物及挥发性有机物（VOCs）移动走航监测技术在其中发挥了重要作用。2021年夏季臭氧污染期间，在成都、自贡、泸州、德阳、绵阳、内江、乐山、宜宾、南充、达州、眉山、资阳12个重点城市累计开展挥发性有机物（VOCs）走航监测453次，发现高值区448个、高排点位171个。冬季重污染期间，除阿坝州、甘孜州、凉山州外的18个城市累计开展颗粒物激光雷达走航监测1060次，发现高值区629个、高排放点位399个，移交执法线索188条。

从监测结果来看，冬季重污染期间，施工扬尘、道路扬尘及生物质燃烧等颗粒物污染问题仍较为突出，尤其是川东北地区腊肉熏制、生物质露天燃烧现象较为普遍；夏季臭氧污染期间，部分高挥发性有机物（VOCs）排放企业重污染天气应急响应措施落实不到位，电气机械及器材制造、家具制造、汽修喷涂、印刷和包装等行业挥发性有机物（VOCs）排放量仍然较大，加油站、餐饮油烟等面源污染问题较为突出。走航监测结果如图2.2-1、图2.2-2、图2.2-3、图2.2-4所示。

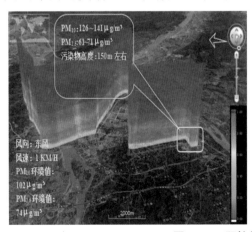

图2.2-1 颗粒物走航发现施工现场

图2.2-2　颗粒物走航发现生物质露天燃烧现场

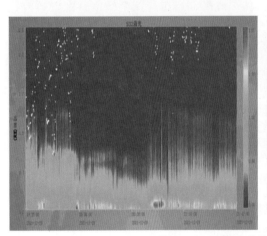

图2.2-3　颗粒物走航发现腊肉熏制现场

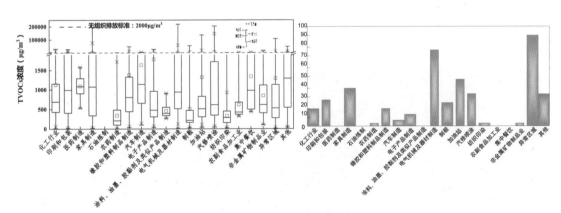

图2.2-4　挥发性有机物（VOCs）行业高值浓度分布及次数统计

2021

第三篇

生态环境质量状况

第一章 生态环境质量监测及评价方法

一、城市环境空气

1. 监测点位

2021年，四川省国控城市环境空气质量监测点位总计104个，21个市（州）政府所在城市均有布设，其中城市评价点89个，清洁对照点15个。四川省国控城市环境空气监测点位分布如图3.1-1所示。

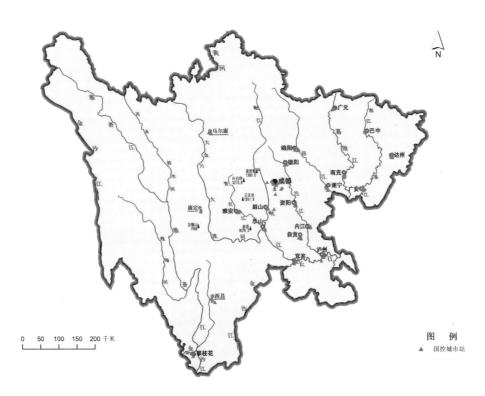

图3.1-1 四川省国控城市环境空气监测点位分布

2. 监测指标

国控城市空气质量监测指标：二氧化硫（SO_2）、二氧化氮（NO_2）、一氧化碳（CO）、臭氧（O_3）、可吸入颗粒物（PM_{10}）、细颗粒物（$PM_{2.5}$）以及气象五参数（温度、湿度、气压、风向、风速）。

3. 评价标准和评价方法

环境空气质量评价按照《环境空气质量标准》（GB 3095—2012）及修改单、《环境空气质量指数（AQI）技术规定（试行）》（HJ 633—2012）、《环境空气质量评价技术规范（试行）》（HJ 663—2013）、《城市环境空气质量排名技术规定》（环办监测〔2018〕19号），对二氧化硫（SO_2）、二氧化氮（NO_2）、一氧化碳（CO）、臭氧（O_3）、可吸入颗粒物（PM_{10}）和细颗粒物（$PM_{2.5}$）的实况浓度数据进行评价。空气质量指数（AQI）范围及相应的空气质量级别见表3.1-1。

表3.1-1　空气质量指数（AQI）范围及相应的空气质量级别

AQI指数	空气质量级别	表征颜色	对健康影响情况
0～50	一级（优）	绿色	空气质量令人满意，基本无空气污染
51～100	二级（良）	黄色	空气质量可接受，但某些污染物可能对极少数异常敏感人群健康有较弱影响
101～150	三级（轻度污染）	橙色	易感人群症状有轻度加剧，健康人群出现刺激症状
151～200	四级（中度污染）	红色	进一步加剧易感人群症状，可能对健康人群心脏、呼吸系统有影响
201～300	五级（重度污染）	紫色	心脏病和肺病患者症状显著加剧，运动耐受力降低，健康人群普遍出现症状
>300	六级（严重污染）	褐红色	健康人群运动耐受力降低，有明显强烈症状，提前出现某些疾病

4. 环境空气质量评价

城市环境空气质量评价范围：21个市（州）政府所在城市的国控监测点位89个，均采用实况数据进行评价。

二、降水

1. 监测点位

2021年，四川省21个市（州）城市共布设降水监测点位67个，与"十三五"末期相比，监测点位减少4个。四川省降水监测点位分布如图3.1-2所示。

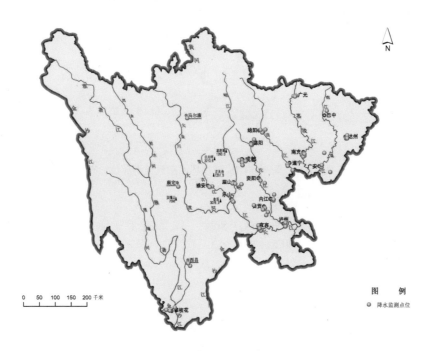

图3.1-2　四川省降水监测点位分布

2. 监测指标及频次

降水监测指标：降水量、电导率、pH、硫酸根离子、硝酸根离子、氟离子、氯离子、铵离子、钙离子、镁离子、钾离子和钠离子。监测频次为逢雨必测。

3. 评价标准和评价方法

采用《酸沉降监测技术规范》（HJ/T 165—2004）评价，以pH<5.6作为判断酸雨的依据，降水pH<4.50为重酸雨区，4.50≤pH<5.00为中酸雨区，5.00≤pH<5.60为轻酸雨区，pH≥5.60为非酸雨区。

三、地表水

1. 常规监测

（1）监测点位。

"十四五"期间，四川省经过持续的点位优化调整后，共布设343个地表水考核监测断面（国控断面203个，省控断面140个），包括在长江（金沙江）、雅砻江、安宁河、赤水河、岷江、大渡河、青衣江、沱江、嘉陵江、涪江、渠江、琼江、黄河流域布设的329个河流监测断面和在14个重点湖库布设的14个湖库监测断面。

与"十三五"末期相比，河流监测断面新增176个；湖库新增1个，减少了24个断面。四川省地表水监测断面布设如图3.1-3所示。

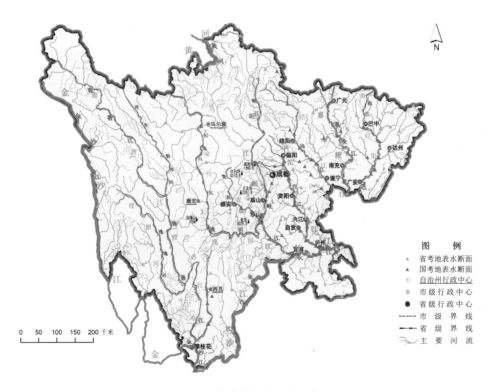

图3.1-3 四川省地表水监测断面布设

（2）监测指标及频次。

地表水监测指标：水温、pH、溶解氧、高锰酸盐指数、化学需氧量、五日生化需氧量、氨氮、总磷、总氮、铜、锌、氟化物、硒、砷、汞、镉、六价铬、铅、氰化物、挥发酚、石油类、阴离子表面活性剂、硫化物、粪大肠菌群共24项，湖库增加透明度、叶绿素a。每月监测一次，一年监测12次。

（3）评价标准和评价方法。

地表水环境质量评价依据《地表水环境质量标准》（GB 3838—2002），按照《地表水环境质量评价办法（试行）》进行评价。

水质评价指标：水温、总氮、粪大肠菌群以外的21项指标，湖库总氮、粪大肠菌群单独评价。

湖库营养状态评价指标：高锰酸盐指数、总磷、总氮、叶绿素a、透明度。

河流断面水质定性评价见表3.1-2，河流、流域（水系）水质定性评价见表3.1-3。

表3.1-2　河流断面水质定性评价

水质类别	水质状况	表征颜色	水质功能
Ⅰ～Ⅱ类水质	优	蓝色	饮用水水源一级保护区、珍稀水生生物栖息地、鱼虾类产卵场、仔稚幼鱼的索饵场等
Ⅲ类水质	良好	绿色	饮用水水源二级保护区、鱼虾类越冬场、洄游通道、水产养殖区、游泳区
Ⅳ类水质	轻度污染	黄色	一般工业用水和人体非直接接触的娱乐用水
Ⅴ类水质	中度污染	橙色	农业用水及一般景观用水
劣Ⅴ类水质	重度污染	红色	除调节局部气候外，几乎无使用功能

表3.1-3　河流、流域（水系）水质定性评价

水质类别比例	水质状况	表征颜色
Ⅰ～Ⅲ类水质比例≥90%	优	蓝色
75%≤Ⅰ～Ⅲ类水质比例<90%	良好	绿色
Ⅰ～Ⅲ类水质比例<75%，且劣Ⅴ类水质比例<20%	轻度污染	黄色
Ⅰ～Ⅲ类水质比例<75%，且20%≤劣Ⅴ类水质比例<40%	中度污染	橙色
Ⅰ～Ⅲ类水质比例<60%，且劣Ⅴ类水质比例≥40%	重度污染	红色

2. 岷江流域水生态试点监测

为了初步掌握四川省重点流域水生态环境状况，建立有效的生物评价指标，2021年9—10月，在四川省岷江流域布设17个监测点位开展水生态试点监测。

（1）监测点位。

在岷江流域由上至下布设17个点位，包含11个国控点位和6个省控点位。2021年岷江流域水生态试点监测点位见表3.1-4，2021年岷江流域水生态监测点位布设如图3.1-4所示。

表3.1-4　2021年岷江流域水生态试点监测点位

编号	点位名称	所在市（州）	所属河流	点位属性	经度（°）	纬度（°）
S1	渭门桥	阿坝州	岷江	国控	103.8247	31.7589
S2	寿溪水磨	阿坝州	寿溪河	国控	103.4420	30.9496
S3	都江堰水文站	成都市	岷江	国控	103.5889	31.0192
S4	二江寺	成都市	江安河	国控	104.0389	30.5076
S5	老南河大桥	成都市	新津南河	省控	103.8248	30.4082

编号	点位名称	所在市（州）	所属河流	点位属性	经度（°）	纬度（°）
S6	岳店子下	成都市	岷江	国控	103.8668	30.3575
S7	黄龙溪	成都市	府河	国控	103.9639	30.3120
S8	彭山岷江大桥	眉山市	岷江	国控	103.8916	30.2114
S9	体泉河口	眉山市	体泉河	省控	103.8033	30.0093
S10	思蒙河口	眉山市	思蒙河	省控	103.8254	29.7894
S11	金牛河口	眉山市	金牛河	省控	103.7340	29.7588
S12	悦来渡口	乐山市	岷江	国控	103.7401	29.7273
S13	茫溪大桥	乐山市	茫溪河	省控	103.8392	29.4150
S14	马边河河口	乐山市	马边河	省控	103.9466	29.1597
S15	越溪河口	宜宾市	越溪河	国控	104.3675	28.8386
S16	月波	宜宾市	岷江	国控	104.1599	29.0423
S17	凉姜沟	宜宾市	岷江	国控	104.6233	28.7799

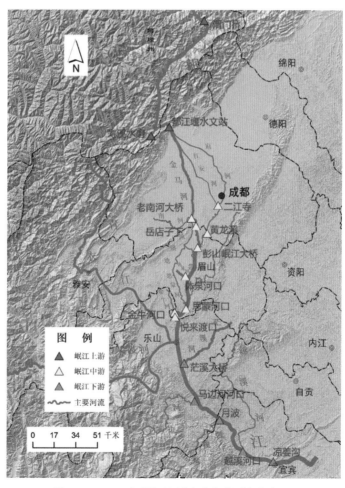

图3.1-4　2021年岷江流域水生态监测点位布设

（2）调查监测内容及频次。

水质理化监测指标：水温、pH、电导率、溶解氧、浊度、高锰酸盐指数、化学需氧量、五日生化需氧量、氨氮、总磷、总氮。

生境调查指标：底质、栖息地复杂性、大型木质残体分布、河岸稳定性、河道护岸变化、河水水量状况、河岸带植被覆盖率、水质状况、人类活动强度、河岸土地利用类型等10项指标。

水生生物指标：浮游植物与底栖动物的种类组成、数量分布、优势种类、指示生物特征和生物多样性。

2021年9—10月开展1次调查监测。

（3）评价标准和评价方法。

利用综合指数法进行水生态环境质量综合评估，通过水质理化指标、水生生物指标和生境指标加权求和，构建河流水生态环境质量综合评价指数WEQI，以该指数表示水生态环境整体的质量状况。河流水生态环境质量综合评价指数WEQI按以下公式计算：

$$WEQI = 0.4 \times 水质理化监测指标赋分 + 0.2 \times 生境调查指标赋分 + 0.4 \times 水生生物指标赋分$$

水质理化监测指标、生境调查指标和水生生物指标评价方法及赋分标准见表3.1-5。根据水生态环境质量综合评价指数的大小，将水生态环境质量状况等级分为五级，分别为优秀、良好、中等、较差和很差，具体指数分值和质量状况分级见表3.1-6。

表3.1-5　水生态环境质量综合评估各指标评价方法及赋分标准

指标类型	评价指标	赋分标准及含义
水质理化监测指标	水质类别	参照《地表水环境质量标准》（GB 3838—2002）基本项目标准限值，采用单因子评价，并根据水质类别对评价结果进行赋分：Ⅰ～Ⅱ类水质赋5分，Ⅲ类水质赋4分，Ⅳ类水质赋3分，Ⅴ类水质赋2分，劣Ⅴ类水质赋1分
生境调查指标	生境状况	对现场调查的10项参数分别进行评分，每项参数分值范围为0～20分，划分为五个评价等级。每个监测点位的生境总分（H）由10项参数分值累加计算。$H>150$，生境状况优秀，赋5分；$120<H\leqslant150$，生境状况良好，赋4分；$90<H\leqslant120$，生境状况中等，赋3分；$60<H\leqslant90$，生境状况较差，赋2分；$H\leqslant60$，生境状况很差，赋1分
水生生物指标	生物多样性	采用香农-威纳多样性指数（H）评价，划分为五个评价等级：$H>3$，评价为优秀，赋5分；$2<H\leqslant3$，评价为良好，赋4分；$1<H\leqslant2$，评价为中等，赋3分；$0<H\leqslant1$，评价为较差，赋2分；$H=0$，评价为很差，赋1分

表3.1-6　水生态环境质量状况分级

水生态质量状况	优秀	良好	中等	较差	很差
综合指数	$WEQI>4$	$3<WEQI\leqslant4$	$2<WEQI\leqslant3$	$1<WEQI\leqslant2$	$WEQI\leqslant1$
表征颜色	蓝色	绿色	黄色	橙色	红色

四、集中式饮用水水源地

1. 监测点位

四川省在21个市（州）政府所在城市的48个市级集中式饮用水水源地布设和监测了48个断面（点位），其中地表水型45个，地下水型3个；在县（市、区）政府所在城市的220个城市集中式饮用水水源地布设和监测了223个断面（点位），其中地表水型191个，地下水型32个。2021年四川省县级及以上集中式饮用水水源地监测断面（点位）分布如图3.1-5所示。

图3.1-5　2021年四川省县级及以上集中式饮用水水源地监测断面（点位）分布

四川省共监测乡镇集中式饮用水水源地断面（点位）2577个，其中地表水型1773个（包括河流型1228个、湖库型545个），地下水型804个，监测断面（点位）较2020年减少了201个。2021年四川省乡镇集中式饮用水水源地监测断面（点位）分布如图3.1-6所示。

图3.1-6　2021年四川省乡镇集中式饮用水水源地监测断面（点位）分布

2. 监测指标及频次

县级及以上城市集中式地表水型饮用水水源地监测指标为《地表水环境质量标准》（GB 3838—2002）中基本项目28项（表1除水温以外的23项及表2中5项）和表3中优选特定项目33项，总计61项，并统计取水量；全分析监测指标为GB 3838—2002中所有109项，并统计取水量；地下水型监测指标为《地下水质量标准》（GB/T 14848—2017）表1中39项，并统计取水量。

乡镇集中式地表水型饮用水水源地监测指标为《地表水环境质量标准》（GB 3838—2002）中基本项目28项，并统计取水量；乡镇集中式地下水型饮用水水源地监测指标为《地下水质量标准》（GB/T 14848—2017）表1中39项，并统计取水量。

不同类型集中式饮用水水源地监测频次见表3.1-7。

表3.1-7　不同类型集中式饮用水水源地监测频次

水源地类型		监测频次
市级集中式饮用水水源地	地表水型	每月1次，全年12次
	地下水型	每月1次，全年12次
	全分析	每年1次
县级集中式饮用水水源地	地表水型	每季度1次，全年4次
	地下水型	每半年1次，全年2次
乡镇集中式饮用水水源地	地表水型	每半年1次，全年2次
	地下水型	每半年1次，全年2次

3. 评价标准和评价方法

依据《地表水环境质量标准》（GB 3838—2002）和《地下水质量标准》（GB/T 14848—2017）中Ⅲ类标准限值，采用单因子评价法评价。

五、地下水

1. 国家地下水质量考核

（1）监测点位。

四川省"十四五"国家地下水环境质量考核点位共83个，因自贡沿滩区高新技术产业园区1号（SC-14-25）监测期间正在进行点位调整，无法进行采样，故2021年实际监测点位为82个，分别为区域点位30个、饮用水水源地点位21个、污染风险监控点位31个，分布范围覆盖全省21个市（州）。2021年四川省地下水环境质量考核点位分布如图3.1-7所示。

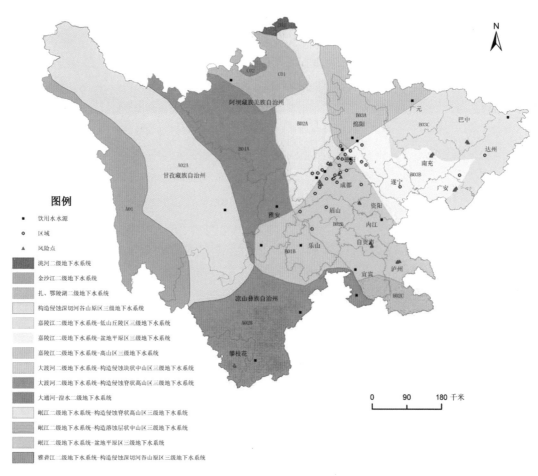

图3.1-7 2021年四川省地下水环境质量考核点位分布

（2）监测项目及频次。

地下水环境质量区域点位、饮用水水源地点位、污染风险监控点位监测项目均为《地下水质量标准》（GB/T 14848—2017）表1中除总大肠杆菌、菌落总数及总α放射性、总β放射性等4项指标外的35项基本指标，17个污染风险监控点位选测了特征指标，见表3.1-8。监测频次为每年丰水期监测1次。

表3.1-8 地下水污染风险监控点位选测特征指标统计

序号	市（州）	监测点位序号	监测点位名称	选测特征指标
1	成都	SC-14-15	彭州市成都石油化学工业园区1号	镍、氯苯、乙苯、二甲苯（总量）、苯并[a]芘
2	成都	SC-14-15	彭州市成都石油化学工业园区2号	
3	成都	SC-14-17	彭州市成都石油化学工业园区3号	
4	成都	SC-14-19	成都崇州经济开发区1号	镍、银
5	成都	SC-14-22	成都崇州经济开发区2号	
6	成都	SC-14-23	成都崇州经济开发区3号	

续表3.1-8

序号	市（州）	监测点位序号	监测点位名称	选测特征指标
7	攀枝花	SC-14-28	东区攀钢集团矿业有限公司选矿厂马家田1号	铍、镍、银
8	攀枝花	SC-14-29	东区攀钢集团矿业有限公司选矿厂马家田2号	
9	攀枝花	SC-14-30	东区攀钢集团矿业有限公司选矿厂马家田3号	
10	攀枝花	SC-14-31	东区攀钢集团矿业有限公司选矿厂马家田4号	
11	南充	SC-14-58	仪陇县新政镇石佛岩村武家湾1号	铍、镍
12	南充	SC-14-59	仪陇县新政镇石佛岩村武家湾3号	
13	南充	SC-14-60	仪陇县新政镇石佛岩村武家湾4号	
14	南充	SC-14-61	仪陇县新政镇石佛岩村武家湾5号	
15	广安	SC-14-66	前锋区经济技术开发区新桥工业园区1号	二氯甲烷、氯乙烯、乙苯、二甲苯、苯乙烯
16	广安	SC-14-67	前锋区经济技术开发区新桥工业园区2号	
17	广安	SC-14-68	前锋区经济技术开发区新桥工业园区3号	

（3）评价标准。

按照《"十四五"国家地下水环境质量考核点位监测与评价方案》（环办监测〔2021〕15号）要求，饮用水水源地点位监测结果评价标准执行《地下水质量标准》（GB/T 14848—2017）表1和表2中Ⅲ类标准，区域点位和污染风险监控点位监测结果评价标准执行《地下水质量标准》（GB/T 14848—2017）表1和表2中Ⅳ类标准。参与评价的监测指标不包括《地下水质量标准》（GB/T 14848—2017）表1中色、嗅和味、浑浊度、肉眼可见物等4项感官指标。

2. 重点污染企业（区域）地下水水质试点监测

（1）监测点位。

2021年在绵阳市涪城区开展重点污染企业（区域）地下水水质试点监测。基于绵阳市重点污染源信息调查结果，确定了3个污染企业（区域）周边的15个点位开展地下水监测。污染企业（区域）为绵阳市向泰阳化工有限公司（石化化工类企业）、绵阳经济技术开发产业发展园区（工业园区）、平武县双凤选矿有限公司（尾矿库），见表3.1-9。

表3.1-9 重点污染企业（区域）地下水水质试点监测点位数量统计

污染企业（区域）	绵阳市向泰阳化工有限公司	绵阳经济技术开发产业发展园区	平武县双凤选矿有限公司
监测点位个数	2	8	5

（2）监测项目及频次。

监测项目为《地下水质量标准》（GB/T 14848—2017）表1中除总大肠菌群、菌落总数、总α放射性和总β放射性外的35项指标以及选测指标。绵阳市重点污染企业（区域）地下水水质试点监测选测指标统计见表3.1-10。

丰水期、枯水期各监测1次。

表3.1-10　绵阳市重点污染企业（区域）地下水水质试点监测选测指标统计

监测对象	监测井编号	选测指标
绵阳市向泰阳化工有限公司	2C01、2D01	钒、石油类
平武县双凤选矿有限公司	尾矿库ZK1、尾矿库ZK2、尾矿库JC1、尾矿库JC2、二选矿	钴、镍、钒、锑、铊、铍、钼、石油类
绵阳经济技术开发产业发展园区	ZK1、ZK2、ZK3、ZK4、ZK5、ZK6、ZK7、JC2	对硫磷、甲基对硫磷、马拉硫磷、乐果、敌敌畏、苯乙烯、二甲苯

（3）评价标准。

评价标准执行《地下水质量标准》（GB/T 14848—2017）表1中Ⅳ类标准。

六、城市声环境

1. 监测点位

四川省21个市（州）政府所在城市声环境质量监测点位4079个，其中区域声环境质量监测点位2838个、道路交通干线声环境质量监测点位1015个，全年各监测一次；功能区声环境质量监测点位226个，按季度监测。2021年四川省声环境质量监测点位分布如图3.1-8所示。

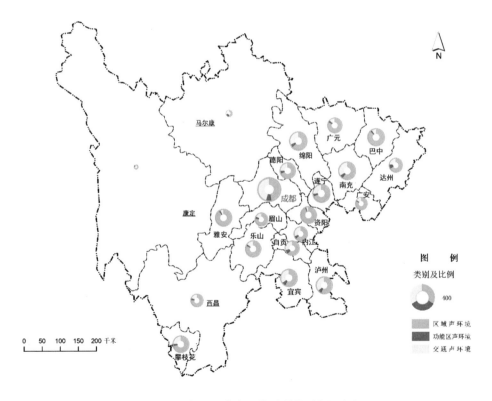

图3.1-8　2021年四川省声环境质量监测点位分布

2. 评价标准和评价方法

采用《声环境质量标准》（GB 3096—2008）和《环境噪声监测技术规范-城市声环境常规监测》（HJ 640—2012）进行评价。

七、生态环境

1. 监测范围

生态环境状况监测涉及四川省21个市（州）、183个县（市、区），总面积48.6万平方千米。遥感监测项目为土地利用/植被覆盖数据6大类、26小项，其他监测项目为归一化植被指数、土壤侵蚀、水资源量、降水量、主要污染物排放量等。

2. 监测指标体系

生态环境状况评价利用一个综合指数（生态环境状况指数EI）反映区域生态环境的整体状态，EI数值范围为0～100。指标体系包括生物丰度指数、植被覆盖指数、水网密度指数、土地胁迫指数、污染负荷指数五个分指数和一个环境限制指数。五个分指数分别反映被评价区域内生物的丰贫、植被覆盖度的高低、水的丰富程度、遭受的胁迫强度、承载的污染物压力，环境限制指数是约束性指标，指根据区域内出现的严重影响人居生产生活安全的生态破坏和环境污染事项对生态环境状况进行限制和调节。

3. 评价标准和评价方法

评价依据为《生态环境状况评价技术规范》（HJ 192—2015）。

权重：各项监测指标在生态环境状况评价中的权重见表3.1-11。

表3.1-11　生态环境状况评价中各项监测指标的权重

指标	生物丰度指数	植被覆盖指数	水网密度指数	土地胁迫指数	污染负荷指数	环境限制指数
权重	0.35	0.25	0.15	0.15	0.10	约束性指标

生态环境状况计算方法：生态环境状况指数（EI）=0.35×生物丰度指数+0.25×植被覆盖指数+0.15×水网密度指数+0.15×土地胁迫指数+0.10×污染负荷指数。

生态环境状况分级：生态环境状况分为五级，分别是优、良、一般、较差和差。具体分级见表3.1-12。

表3.1-12　生态环境状况分级

级别	优	良	一般	较差	差
指数	$EI \geqslant 75$	$55 \leqslant EI < 75$	$35 \leqslant EI < 55$	$20 \leqslant EI < 35$	$EI < 20$
描述	植被覆盖度高，生物多样性丰富，生态系统稳定	植被覆盖度较高，生物多样性较丰富，适合人类生活	植被覆盖度中等，生物多样性一般水平，较适合人类生活，但有不适合人类生活的制约性因子出现	植被覆盖度较差，严重干旱少雨，物种较少，存在着明显限制人类生活的因素	条件较恶劣，人类生活受到限制

生态环境状况变化分析：根据生态环境状况指数与基准值的变化情况，将生态环境质量变化幅度分为四级，即无明显变化、略微变化（好或差）、明显变化（好或差）和显著变化（好或差）。各分指数变化分级评价方法可参考生态环境状况变化度分级，详见表3.1-13。

生态环境状况波动分析：如果生态环境状况指数呈现波动变化的特征，则该区域生态环境敏感。根据生态环境质量波动变化幅度，将生态环境变化状况分为稳定、波动、较大波动和剧烈波动。生态环境状况波动变化分级见表3.1-14。

表3.1-13　生态环境状况变化度分级

级别	无明显变化	略微变化	明显变化	显著变化
变化值	$|\Delta EI|<1$	$1\leqslant|\Delta EI|<3$	$3\leqslant|\Delta EI|<8$	$|\Delta EI|\geqslant8$
描述	生态环境质量无明显变化	如果$1\leqslant\Delta EI<3$，则生态环境质量略微变好；如果$-3<\Delta EI\leqslant-1$，则生态环境质量略微变差	如果$3\leqslant\Delta EI<8$，则生态环境质量明显变好；如果$-8<\Delta EI\leqslant-3$，则生态环境质量明显变差；如果生态环境状况类型发生改变，则生态环境质量明显变化	如果$\Delta EI\geqslant8$，则生态环境质量显著变好；如果$\Delta EI\leqslant-8$，则生态环境质量显著变差

表3.1-14　生态环境状况波动变化分级

级别	稳定	波动	较大波动	剧烈波动
变化值	$|\Delta EI|<1$	$1\leqslant|\Delta EI|<3$	$3\leqslant|\Delta EI|<8$	$|\Delta EI|\geqslant8$
描述	生态环境质量状况稳定	如果$|\Delta EI|\geqslant1$，并且ΔEI在-3和3之间波动变化，则生态环境状况呈现波动特征	如果$|\Delta EI|\geqslant3$，并且ΔEI在-8和8之间波动变化，则生态环境状况呈现较大波动特征	如果$|\Delta EI|\geqslant8$，并且ΔEI变化呈现正负波动特征，则生态环境状况剧烈波动

八、农村环境

1. 监测点位

2021年，四川省农村环境质量监测工作包括村庄环境空气、县域地表水及面源污染地表水、村庄土壤质量监测、农村千吨万人饮用水水源地水质监测、灌溉面积超过10万亩以上的农田灌溉水水质监测、日处理能力20吨及以上农村生活污水处理设施出水水质监测。

传统农村环境质量监测：涉及21个市（州）、99个县的99个村庄。其中重点监控村庄15个，分布在成都、德阳、绵阳、内江、乐山、南充、宜宾、广安、眉山、阿坝州、甘孜州、凉山州；一般监控村庄84个，涉及除眉山以外的其他20个市（州）。2021年，共布设环境空气质量监测点位99个，其中41%的点位采用空气自动站监测；土壤监测点位249个；县域地表水监测断面（点位）209个；农村面源污染监测点位52个。2021年农村环境质量监测村庄分布如图3.1-9所示。

农村千吨万人饮用水水源地水质监测：全省共监测431个水源地的431个监测断面（点位），其中地表水型监测断面378个（河流型213个、湖库型165个），地下水型监测断面53个。

灌溉规模在10万亩及以上的农田灌溉水水质监测：全省开展监测的灌溉规模在10万亩及以上的农田灌区分布在13个市（州）的22个县（市、区），共计24个灌区，27个点位。

日处理能力20吨及以上的农村生活污水处理设施出水水质监测：全省共监测1390家，分布在20个市（州）的126个县（市、区）。

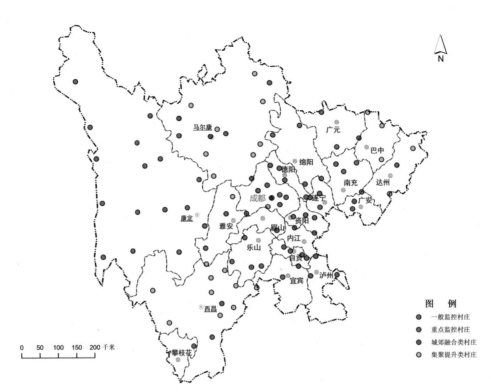

图3.1-9　2021年农村环境质量监测村庄分布

2. 监测指标及频次

2021年四川省农村环境质量监测内容见表3.1-15。

表3.1-15　2021年四川省农村环境质量监测内容

环境质量要素	监测项目	监测频次
环境空气	二氧化硫（SO_2）、二氧化氮（NO_2）、可吸入颗粒物（PM_{10}）、一氧化碳（CO）、臭氧（O_3）、细颗粒物（$PM_{2.5}$）	手工监测为每季度1次，自动监测为连续24小时监测
县域地表水	《地表水环境质量标准》（GB 3838—2002）表1中24项指标	每季度1次
土壤	pH、阳离子交换量、镉、汞、砷、铅、铬、铜、镍、锌等元素的全量，以及自选特征污染物	5年监测1次
面源污染	总氮、总磷、氨氮、硝酸盐、高锰酸盐指数、化学需氧量	每季度1次
农村千吨万人饮用水水源地	《地表水环境质量标准》（GB 3838—2002）表1、表2共28项指标 《地下水质量标准》（GB/T 14848—2017）表1中39项指标	每季度1次
灌溉规模在10万亩及以上的农田灌溉水	《农田灌溉水质标准》（GB 5084—2021）表1的基本控制项目16项和表2的选择项目	上下半年各1次
日处理能力20吨及以上的农村生活污水处理设施出水	必测项目：化学需氧量和氨氮 选测项目：pH、五日生化需氧量、悬浮物、总磷、粪大肠菌群	上下半年各1次

3. 评价指标和评价方法

按照中国环境监测总站《农村环境质量综合评价技术规定》（2022年1月），以县域为基本单元进行综合评价。评价内容涉及农村环境状况评价和农业面源污染评价两个方面，其中农村环境状况包括环境空气质量、饮用水水源地水质、地表水水质、土壤环境质量、农田灌溉水水质以及农村生活污水处理设施出水水质。环境空气、土壤、县域地表水、农村千吨万人饮用水水源地、农田灌溉水、农村生活污水处理设施出水等均按照各环境要素现行有效的评价方式评价后计算分指数，然后按照权重计算农村环境状况指数。农村面源污染指标采用内梅罗综合指数评价法，县域内所有断面内梅罗指数的算数平均值为该县域的内梅罗综合指数值。

农村环境状况分级见表3.1-16，内梅罗指数综合评价分级标准见表3.1-17。

表3.1-16　农村环境状况分级

级别	优	良	一般	较差	差
指数	$I_{env} \geqslant 90$	$75 \leqslant I_{env} < 90$	$55 \leqslant I_{env} < 75$	$40 \leqslant I_{env} < 55$	$I_{env} < 40$

表3.1-17　内梅罗指数综合评价分级标准

水质等级	清洁	轻度污染	污染	重污染	严重污染
内梅罗指数	0～1.0	1.0～2.0	2.0～3.0	3.0～5.0	≥5.0

九、土壤环境

1. 监测点位

2021年在四川东北部的南充和达州开展国家网基础点位监测，南充77个点位，达州73个点位。其中参与评价的共132个点位，南充68个点位，分布于9个县（市、区）；达州64个点位，分布于7个县（市、区）。国家网风险源周边土壤环境质量状况监测共布设95个重点风险点和202个一般风险点，分布在成都、自贡、攀枝花、泸州、德阳、绵阳、内江、乐山、宜宾、达州、雅安、眉山、凉山州等13个市（州）。四川省网风险源周边土壤环境质量状况监测布设181个点位，分布在21个市（州）。2021年四川省土壤环境质量监测点位空间分布如图3.1-10所示。

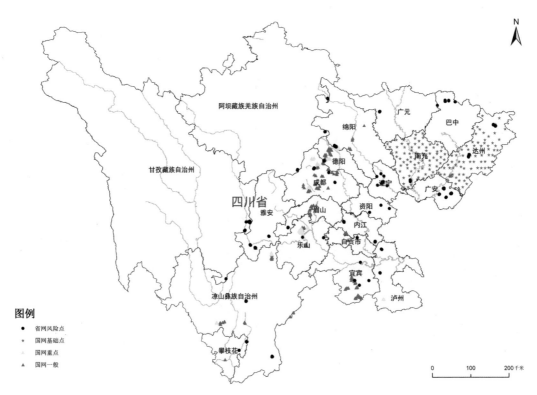

图3.1-10　2021年四川省土壤环境质量监测点位空间分布

2. 监测项目及监测频次

基础点和风险点监测项目：土壤pH、阳离子交换量、有机质含量、砷、镉、铬、铜、铅、镍、汞、锌、六六六总量、滴滴涕总量和多环芳烃。

监测频次：1次/年。

3. 评价标准

执行《土壤环境质量　农用地土壤污染风险管控标准》（GB 15618—2018）表1农用地土壤污染风险筛选值（基本项目）、表2农用地土壤污染风险筛选值（其他项目）和表3农用地土壤污染风险管制值标准。

十、辐射环境

1. 监测内容

为更加科学、全面地反映全省辐射环境质量状况及变化趋势，四川省根据《全国辐射环境监测方案（2021版）》的要求，立足四川"核大省"实际，研究制定了《2021年四川省辐射环境监测工作实施方案》。方案涵盖全省辐射环境自动站、陆地、空气、地表水、饮用水、土壤、电磁辐射等辐射环境质量监测工作。2021年四川省辐射环境质量监测方案统计见表3.1-18。

表3.1-18　2021年四川省辐射环境质量监测方案统计

监测对象		监测项目	监测频次	国控点位数	省控点位数
陆地γ辐射		γ辐射空气吸收剂量率（自动站）	连续	27	15
		γ辐射累积剂量	1次/季	12	12
		γ辐射空气吸收剂量率（瞬时）	1次/年	—	21
空气	*气溶胶	^{7}Be、^{234}Th、^{228}Ra、^{40}K、^{214}Bi、^{137}Cs、^{134}Cs、^{131}I、^{90}Sr 总α、总β	1次/月 1次/季 1次/年	27	6
	沉降物	^{7}Be、^{232}Th、^{228}Ra、^{40}K、^{214}Bi、^{137}Cs、^{134}Cs、^{131}I、^{90}Sr	1次/季	23	1
	降水氚	^{3}H	1次/季	1	—
	氚化水	^{3}H	1次/年	1	1
	空气中氡	^{222}Rn	1次/季	1	1
	空气中碘	^{131}I	1次/季	23	
水	地表水	U、Th、^{226}Ra、^{90}Sr、^{137}Cs、总α、总β	2次/年	6	17
	地下水	U、Th、^{226}Ra、总α、总β	1次/年	1	—
	*饮用水水源地水	U、Th、^{226}Ra、^{90}Sr、^{137}Cs、总α、总β	1~2次/年	21	21
土壤	土壤	^{238}U、^{232}Th、^{226}Ra、^{40}K、^{137}Cs	1次/年	21	—
电磁辐射		环境电磁监测	1次/年	2	4
		工频电磁场强度	连续	—	3
		射频电场强度	连续	—	16

注：*表示根据点位情况不同，监测频次不一样。

2. 评价标准和评价方法

辐射环境质量监测结果的评价采用与本底水平和相关标准限值比较，依据《电离辐射防护与辐射源安全基本标准》（GB 18871—2002）、《电磁环境控制限值》（GB 8702—2014）、《生活饮用水卫生标准》（GB 5749—2006）进行评价。

第二章　城市环境空气质量

一、环境空气质量现状

1. 主要监测指标状况

2021年，四川省城市环境空气中六项主要监测指标年均浓度全部达到国家环境空气质量二级标准。21个市（州）城市中，攀枝花市、绵阳市、广元市、遂宁市、内江市、广安市、巴中市、雅安市、眉山市、资阳市、凉山州、阿坝州、甘孜州共13个城市全部达到国家环境空气质量二级标准。2021年四川省城市环境空气主要监测指标年均浓度及达标情况如图3.2-1所示。

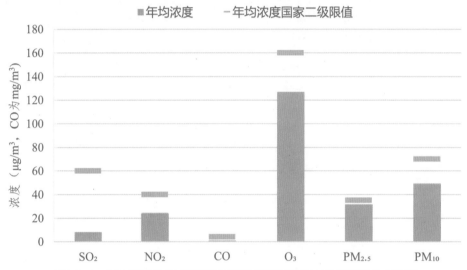

图3.2-1　2021年四川省城市环境空气主要监测指标年均浓度及达标情况

二氧化硫（SO_2）：2021年四川省年均浓度为8微克/立方米，同比持平；与2018—2020年均值（"十四五"考核基数，以下简称三年均值）相比下降11.1个百分点。21个市（州）城市均达标，年均浓度范围为4～22微克/立方米。2021年四川省21个市（州）二氧化硫（SO_2）年均浓度分布如图3.2-2所示。

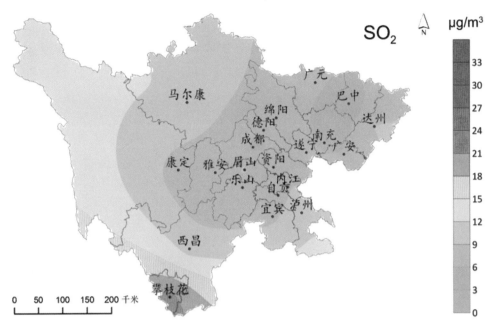

图3.2-2　2021年四川省21个市（州）二氧化硫（SO₂）年均浓度分布

二氧化氮（NO₂）：2021年四川省年均浓度为24微克/立方米，同比下降4.0个百分点；与三年均值相比下降11.1个百分点。21个市（州）城市均达标，年均浓度范围为11～35微克/立方米。2021年四川省21个市（州）二氧化氮（NO₂）年均浓度分布如图3.2-3所示。

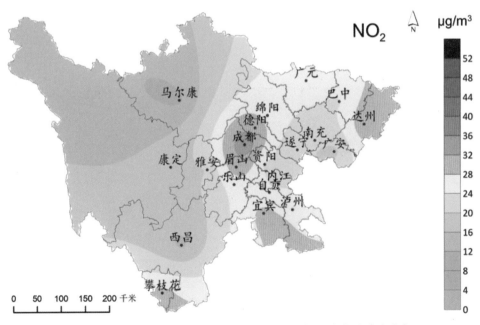

图3.2-3　2021年四川省21个市（州）二氧化氮（NO₂）年均浓度分布

可吸入颗粒物（PM₁₀）：2021年四川省年均浓度为49微克/立方米，同比持平；与三年均值相比下降7.5个百分点。21个市（州）城市均达标，年均浓度范围为17～66微克/立方米。2021年四川省21个市（州）可吸入颗粒物（PM₁₀）年均浓度分布如图3.2-4所示。

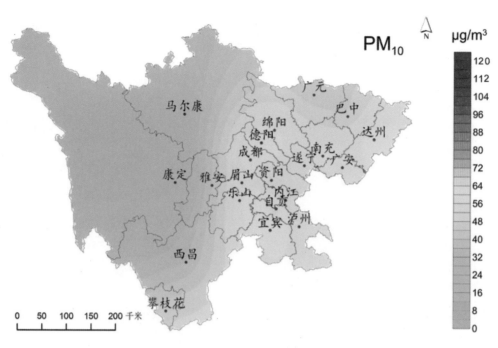

图3.2-4　2021年四川省21个市（州）可吸入颗粒物（PM$_{10}$）年均浓度分布

细颗粒物（PM$_{2.5}$）：2021年四川省年均浓度为32微克/立方米，同比上升3.2个百分点；与三年均值相比下降4.5个百分点。21个市（州）城市中有13个城市达标，占61.9%；宜宾市、自贡市、泸州市、成都市、达州市、德阳市、乐山市、南充市8个城市超标，占38.1%，超标倍数为0.06～0.26倍。全省各城市年均浓度范围为8～44微克/立方米。2021年四川省21个市（州）细颗粒物（PM$_{2.5}$）年均浓度分布如图3.2-5所示。

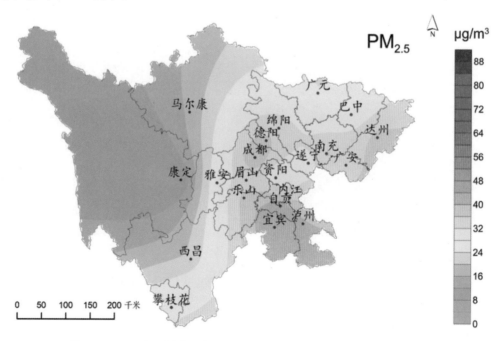

图3.2-5　2021年四川省21个市（州）细颗粒物（PM$_{2.5}$）年均浓度分布

一氧化碳（CO）：2021年四川省一氧化碳（CO）第95百分位浓度为1.1毫克/立方米，同比持平；与三年均值相比不变。21个市（州）城市均达标，一氧化碳（CO）第95百分位浓度范围为0.6～2.3毫克/立方米。2021年四川省21个市（州）一氧化碳（CO）第95百分位浓度分布如图3.2-6所示。

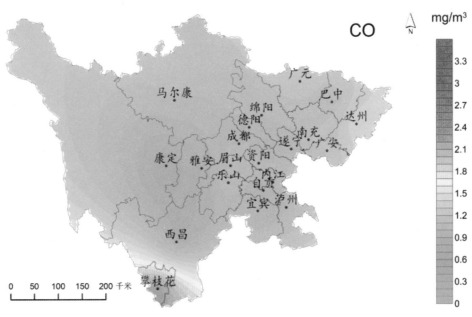

图3.2-6　2021年四川省21个市（州）一氧化碳（CO）第95百分位浓度分布

臭氧（O₃）：2021年四川省臭氧（O₃）第90百分位浓度为127微克/立方米，同比下降6.6个百分点；与三年均值相比下降5.2个百分点。21个市（州）城市均达标，臭氧（O₃）第90百分位浓度范围为96～151微克/立方米。2021年四川省21个市（州）臭氧（O₃）第90百分位浓度分布如图3.2-7所示。

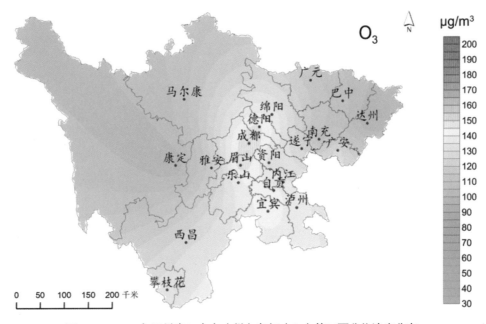

图3.2-7　2021年四川省21个市（州）臭氧（O₃）第90百分位浓度分布

2. 空气质量指数

2021年四川省城市空气质量总体优良天数率为89.5%，其中优占44.5%，良占45.0%；总体污染天数率为10.5%，其中轻度污染为8.9%，中度污染为1.4%，重度污染为0.2%。21个市（州）城市优良天数率为78.6%~100%。空气污染天数率较多的城市依次为自贡市、宜宾市、成都市。2021年四川省城市空气质量级别状况如图3.2-8所示。

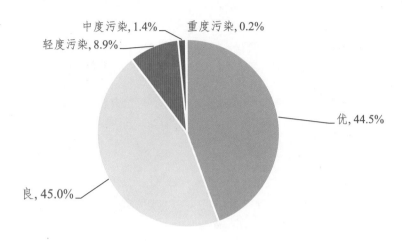

图3.2-8　2021年四川省城市空气质量级别状况

2021年，四川省五大经济区中，川西北生态示范区环境空气质量最好，优良天数率为100%；攀西经济区次之，优良天数率为97.6%；川东北经济区优良天数率为92.1%；成都平原经济区优良天数率为87.1%；川南经济区优良天数率为81.8%。2021年四川省五大经济区空气质量状况如图3.2-9所示。

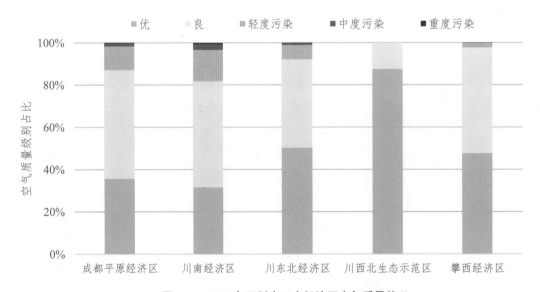

图3.2-9　2021年四川省五大经济区空气质量状况

3. 超标天数及污染指标

2021年四川省21个市（州）城市累积超标天数为804天，污染主要由细颗粒物（$PM_{2.5}$）和臭氧（O_3）造成。污染越严重，细颗粒物（$PM_{2.5}$）为首要污染物的占比越大，污染天气时全省首要污染指标为细颗粒物（PM$_{2.5}$）、臭氧（O$_3$）、可吸入颗粒物（PM$_{10}$），占比分别为67.3%、30.7%、2.1%。2021年四川省污染天气时各污染指标占比如图3.2-10所示。

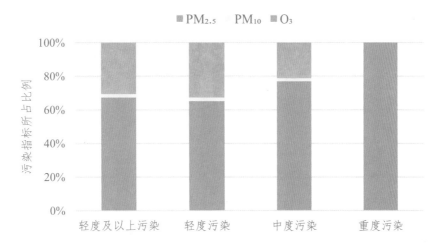

图3.2-10　2021年四川省污染天气时各污染指标占比

4. 空气质量综合指数

2021年四川省空气质量综合指数为3.41，21个市（州）城市的空气质量综合指数为1.85～4.18；康定市、马尔康市、西昌市环境空气质量相对较好，成都市、宜宾市、攀枝花市环境空气质量相对较差。2021年四川省21个市（州）城市空气质量综合指数如图3.2-11所示。

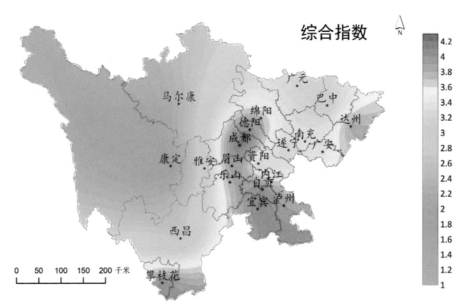

图3.2-11　2021年四川省21个市（州）城市空气质量综合指数

六项指标分指数中，二氧化硫（SO$_2$）和一氧化碳（CO）分指数最大的城市为攀枝花市，二氧化氮（NO$_2$）和臭氧（O$_3$）分指数最大的城市为成都市，细颗粒物（PM$_{2.5}$）分指数最大的城市为宜宾市，可吸入颗粒物（PM$_{10}$）分指数最大的城市为自贡市。2021年四川省21个市（州）城市空气质量综合指数构成如图3.2-12所示。

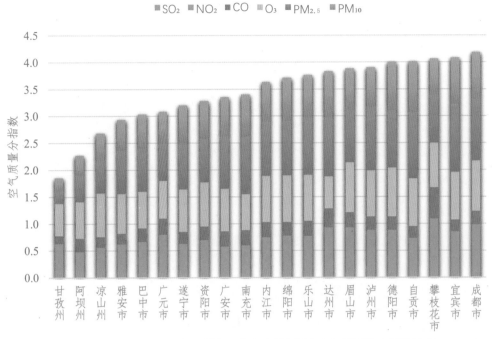

图3.2-12　2021年四川省21个市（州）城市空气质量综合指数构成

　　2021年，四川省21个市（州）城市环境空气中细颗粒物（$PM_{2.5}$）平均污染负荷最大，为26.7%；其次是臭氧（O_3）和可吸入颗粒物（PM_{10}），分别为23.2%、20.5%；二氧化氮（NO_2）平均污染负荷为17.6%。2021年四川省环境空气主要污染物负荷情况如图3.2-13所示。

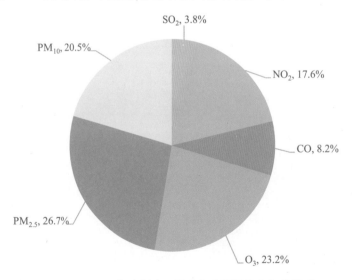

图3.2-13　2021年四川省环境空气主要污染物负荷情况

二、环境空气质量变化趋势

1. 2021年时空变化分布规律

　　四川省城市环境空气质量呈现明显区域性特征。细颗粒物（$PM_{2.5}$）和臭氧（O_3）高浓度中心均为川南经济区，浓度分别为41微克/立方米和139微克/立方米。颗粒物污染相对较重的区域主要有成都平原经济区、川南经济区、川东北经济区。其中，川南经济区受工业排放和不利气象条件协同影响，污染最为明显。从同比情况分析，川南经济区升高明显，细颗粒物（PM$_{2.5}$）同比增加5.1个百分点，其余4个经济区均与上年持平。二氧化硫（SO$_2$）和一氧化碳（CO）高值区域出现在攀西经济区，其他区域无明显差距，变化范围分别为7～16微克/立方米和0.8～1.6毫克/立方米。2021年四川省五大区域城市环境空气主要监测指标平均浓度如图3.2-14所示。

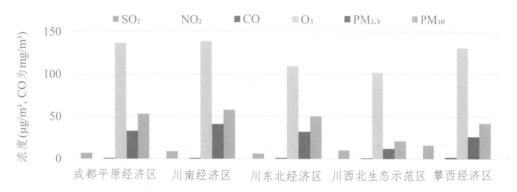

图3.2-14　2021年四川省五大区域城市环境空气主要监测指标平均浓度

四川省城市环境空气质量呈明显季节性特征。颗粒物呈现冬春季偏高，夏秋季偏低。冬季细颗粒物（PM$_{2.5}$）高达56微克/立方米，高于夏季的39微克/立方米。冬季易受污染物排放叠加逆温、静稳等不利气象条件的综合影响，造成污染物累积，加重污染。臭氧（O$_3$）高浓度主要发生在春夏两季，且较秋冬季高出1.5倍左右。春夏季温度回升，太阳光线增强，为臭氧的生成提供外部条件，加之挥发性有机物（VOCs）和氮氧化物（NO$_x$）的排放，易造成臭氧（O$_3$）污染。二氧化硫（SO$_2$）浓度变化不大，二氧化氮（NO$_2$）春秋两季变化不大，夏季略微下降，冬季略微升高。2021年四川省城市环境空气主要监测指标季节变化如图3.2-15所示。

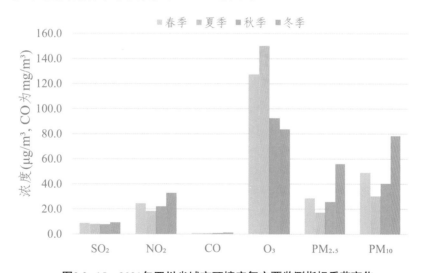

图3.2-15　2021年四川省城市环境空气主要监测指标季节变化
（春季：3—5月；夏季：6—8月；秋季：9—11月；冬季：1月、2月、12月）

从监测月份分析，可吸入颗粒物（PM$_{10}$）、细颗粒物（PM$_{2.5}$）、臭氧（O$_3$）月均浓度变化相对较大，其中1月和12月可吸入颗粒物（PM$_{10}$）、细颗粒物（PM$_{2.5}$）浓度相对较高，7—9月浓度相对较低。臭氧（O$_3$）浓度月际变化呈"波动性正态分布"，3—9月浓度相对较高，最高值出现在

8月。二氧化氮（NO₂）月均浓度呈现波动变化，变化幅度为16～39微克/立方米，高值出现在1月和12月。二氧化硫（SO₂）和一氧化碳（CO）月均浓度在全年基本保持稳定，月均浓度范围分别为7～10微克/立方米、0.7～1.3毫克/立方米。2021年四川省城市环境空气主要监测指标变化趋势如图3.2–16所示。

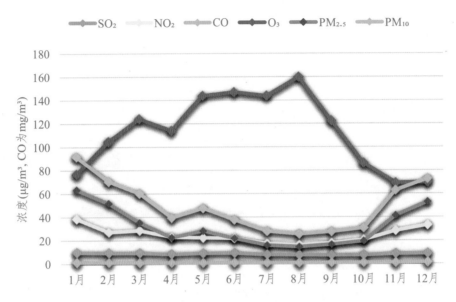

图3.2–16　2021年四川省城市环境空气主要监测指标变化趋势

2. 2021年与2020年对比分析

2021年四川省环境空气质量相比2020年略有恶化。优良天数率略微下降，细颗粒物（PM₂.₅）浓度略微上升，可吸入颗粒物（PM₁₀）、二氧化硫（SO₂）、一氧化碳（CO）浓度持平，二氧化氮（NO₂）浓度略微下降，臭氧（O₃）浓度明显下降。

2021年，四川省优良天数率由2020年的90.7%下降至89.5%，降低1.2个百分点。其中优、良天数占比分别由2020年的44.6%、46.2%下降至44.5%、45.0%，而轻度污染、中度污染、重度污染天数占比分别由2020年的8.1%、1.1%、0.1%上升至8.9%、1.4%、0.2%，轻度污染上升最为明显。细颗粒物（PM₂.₅）浓度由2020年的31微克/立方米上升至32微克/立方米，上升3.2个百分点；可吸入颗粒物（PM₁₀）、二氧化硫（SO₂）和一氧化碳（CO）浓度2021年与2020年持平，分别为49微克/立方米、8微克/立方米和1.1毫克/立方米；二氧化氮（NO₂）浓度由2020年的25微克/立方米下降至24微克/立方米，降低4.0个百分点；臭氧（O₃）浓度由2020年的136微克/立方米下降至127微克/立方米，降低6.6个百分点。2021年与2020年四川省城市环境空气质量级别对比见表3.2–1，主要监测指标浓度对比如图3.2–17所示。

表3.2–1　2021年与2020年四川省城市环境空气质量级别对比

单位：%

年度	优	良	轻度污染	中度污染	重度污染	严重污染
2020年	44.6	46.2	8.1	1.1	0.1	0
2021年	44.5	45.0	8.9	1.4	0.2	0
2021年相比2020年变化情况	−0.1	−1.2	0.8	0.3	0.1	0

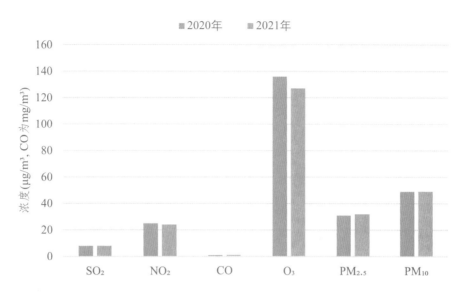

图3.2-17　2021年与2020年四川省城市环境空气主要监测指标浓度对比

三、小结

（1）2021年四川省优良天数率、细颗粒物（PM$_{2.5}$）和重污染天数率均完成国家下达的目标任务。与2020年相比，全省环境空气质量略有恶化，与2018—2020年三年均值（"十四五"考核基数）相比，全省空气质量有所改善。

2021年四川省细颗粒物（PM$_{2.5}$）浓度为32微克/立方米，完成国家34微克/立方米的目标任务，较三年均值下降4.5个百分点；优良天数率为89.5%，完成国家89.4%的目标任务，较三年均值上升0.1个百分点；重污染天数率为0.2%，完成国家0.3%的目标任务。2021年全省环境空气六项监测指标年均浓度均达到国家二级标准，其中13个城市空气质量达标，占比61.9%。2021年盆地内全省污染物高浓度中心主要集中在川南经济区。

（2）四川省冬季细颗粒物（PM$_{2.5}$）重污染天气仍较为突出，特别是川南经济区受气象及污染排放综合影响较为明显，需加强管控。

四川盆地由于地形特殊，周边被1000～3000米的高原山地包围，北方的冬季冷空气被阻挡，不易进入盆地内部，造成盆地内温差较小，与同纬度地区相比温度较高，不利于污染物扩散。在冬季，这种地形条件易造成逆温、静稳等不利气象频发，导致盆地内部污染物的累积和二次转化。2021年1月、2月、12月，受冬季细颗粒物（PM$_{2.5}$）的影响，全省产生重污染以上天数总计14天，占全年重污染以上天数的93.3%，冬季颗粒物重污染天气对全年空气质量影响较大。

（3）四川省臭氧（O$_3$）浓度出现近五年首次下降，但仍为环境空气第二位主要污染指标。

目前，四川省移动源、工业源等排放的氮氧化物（NO$_x$）和挥发性有机物（VOCs）未得到有效控制，叠加晴朗天气下太阳高辐射的影响，易造成大气臭氧（O$_3$）污染。2021年，全省臭氧（O$_3$）第90百分位浓度为127微克/立方米，较2020年下降6.6个百分点，较三年均值下降5.2个百分点。污染天气时，臭氧（O$_3$）为首要污染指标的占比为30.7%，仅次于细颗粒物（PM$_{2.5}$）。2021年，全省21个市（州）城市环境空气中臭氧（O$_3$）平均污染负荷为23.2%，仅次于细颗粒物（PM$_{2.5}$）的26.7%。

第三章 城市降水质量

一、降水质量现状

2021年，四川省21个市（州）城市降水pH年均值为6.09，酸雨频率为4.5%，酸雨量占总雨量的比例为5.3%。降水中主要阴、阳离子为硫酸根、硝酸根、铵离子和钙离子，属硫酸型酸雨。泸州市、绵阳市为轻酸雨城市，其余市（州）城市为非酸雨城市。与上年相比，酸雨污染总体持平。

1. 降水酸度

2021年，四川省21个市（州）城市降水pH范围为5.25（泸州）～7.58（雅安），降水pH年均值为6.09，同比上升0.03；酸雨pH为5.05，同比下降0.09。与上年相比，降水酸度基本持平。绵阳市、泸州市为轻酸雨城市，其余19个市（州）城市为非酸雨城市，酸雨城市比例为9.5%，同比持平。2021年四川省21个市（州）城市降水pH年均值年际变化如图3.3-1所示。

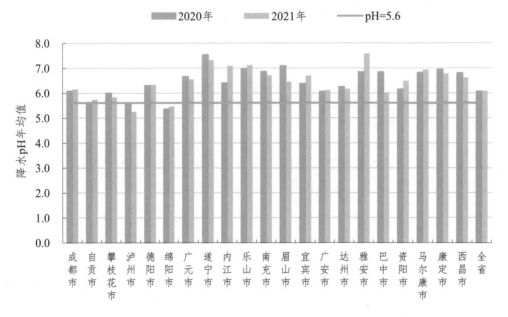

图3.3-1 2021年四川省21个市（州）城市降水pH年均值年际变化

2. 酸雨频率

2021年，四川省21个市（州）城市共监测降水2680次，酸性降水121次，酸雨频率为4.5%，同比下降2.4个百分点。总雨量为48900毫米，酸雨量为2581毫米，酸雨量占总雨量的5.3%，同比下降1.8个百分点。泸州、绵阳、巴中、自贡、攀枝花5个城市出现过酸雨，占城市总数的23.8%。酸雨频率为0%～20%的城市有3个，为20%～40%的城市有2个。

与上年相比，四川省出现酸雨的城市比例下降9.5个百分点，酸雨频率为0%～20%的城市比例下降9.5个百分点，为20%～40%的城市比例不变。2021年四川省酸雨频率分段统计见表3.3-1。2021年四川省城市酸雨频率年际变化如图3.3-2所示。

表3.3-1　2021年四川省酸雨频率分段统计

酸雨频率（%）	0	0<酸雨频率≤20	20<酸雨频率≤40	40<酸雨频率≤60	60<酸雨频率≤80	80<酸雨频率≤100
市（州）个数	16	3	2	0	0	0
所占比例(%)	76.2	14.3	9.5	0	0	0

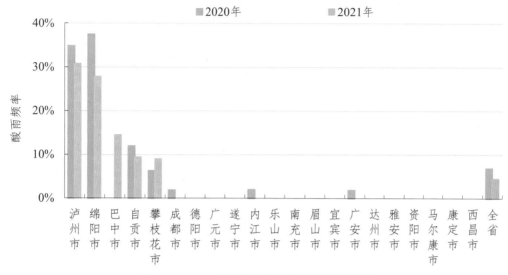

图3.3-2　2021年四川省城市酸雨频率年际变化

3. 降水化学成分

2021年，四川省21个市（州）城市的降水离子组成中，主要阴离子为硫酸根离子和硝酸根离子，分别占离子总当量的18.4%和14.3%；主要阳离子为铵离子和钙离子，分别占离子总当量的26.4%和23.9%。硫酸根离子和硝酸根离子的当量浓度比为1.3，同比有所下降，硫酸盐为降水中的主要致酸物质。

与上年相比，硝酸根离子、铵离子和氟离子的当量浓度比有所上升，硫酸根离子、钙离子的当量浓度比有所下降，其他离子浓度保持稳定。2021年四川省城市降水中主要离子当量浓度比年际变化如图3.3-3所示，主要阴、阳离子当量分担率分别如图3.3-4、图3.3-5所示。

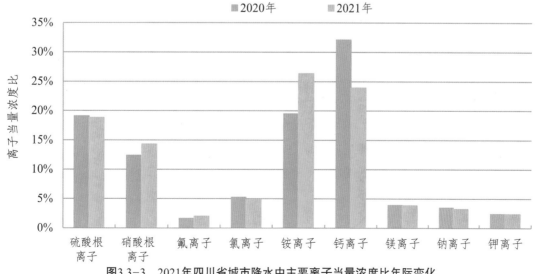

图3.3-3　2021年四川省城市降水中主要离子当量浓度比年际变化

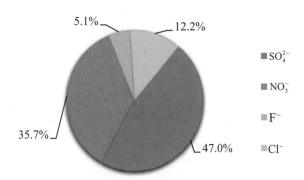

图3.3-4　2021年四川省城市降水中主要阴离子当量分担率

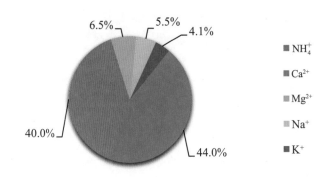

图3.3-5　2021年四川省城市降水中主要阳离子当量分担率

4. 区域分布

2021年，泸州、绵阳、巴中、自贡、攀枝花5个城市出现了酸雨，其中巴中市2020年未出现过酸雨；酸雨污染仍然主要集中在泸州和绵阳，两市均为轻酸雨区。2021年四川省城市酸雨区域分布如图3.3-6所示。

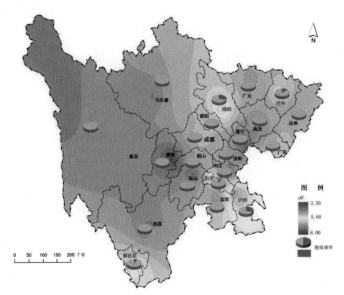

图3.3-6　2021年四川省城市酸雨区域分布

泸州市降水pH年均值为5.25，同比下降0.31，降水酸度有所加重；酸雨频率为30.8%，同比降低4.1个百分点，基本持平；为轻酸雨城市。

绵阳市降水pH年均值为5.46，同比上升0.1，基本持平；酸雨频率为27.9%，同比降低9.6个百分点，稍有好转；为轻酸雨城市。

巴中市降水pH年均值为6.03，同比下降0.81，降水酸度显著加重；酸雨频率为14.5%，同比降低14.5个百分点，稍有加重；为非酸雨城市。

自贡市降水pH年均值为5.73，同比上升0.1，基本持平；酸雨频率为9.4%，同比降低2.6个百分点，基本持平；为非酸雨城市。

攀枝花市降水pH年均值为5.83，同比下降0.17，基本持平；酸雨频率为9.0%，同比上升2.7个百分点，基本持平；为非酸雨城市。

二、年内变化趋势

1. 降水pH和酸雨频率

2021年四川省城市降水pH月均值范围为5.18～6.54，仅1月的pH月均值小于5.6，呈现酸雨污染，其余月份均高于5.6。酸雨频率1月、12月较高，分别为25.4%、20.2%，其余月份均低于10%。酸雨城市比例和酸雨频率基本同步变化。2021年四川省城市降水pH、酸雨频率和酸雨城市比例月变化如图3.3-7所示。

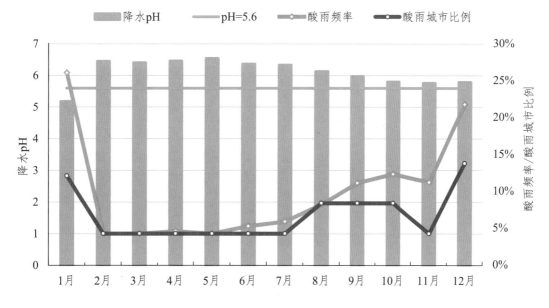

图3.3-7　2021年四川省城市降水pH、酸雨频率和酸雨城市比例月变化

2. 降水化学成分

2021年四川省降水主要阴离子中，硫酸根离子和硝酸根离子浓度变化趋势基本相同，1月浓度较高，2—8月呈下降趋势，9—12月呈上升趋势；氯离子和氟离子浓度全年变化不大。主要阳离子中，铵离子和钙离子浓度变化趋势基本相同，1—9月呈下降趋势，10—12月呈上升趋势；钠离子和钾离子浓度全年变化不大，镁离子受个别城市影响，12月有所升高。2021年四川省城市降水中主要阴、阳离子浓度月变化分别如图3.3-8、图3.3-9所示。

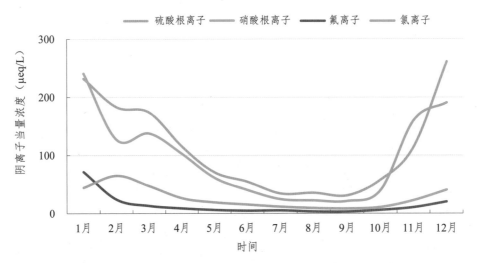

图3.3-8　2021年四川省城市降水中主要阴离子当量浓度月变化

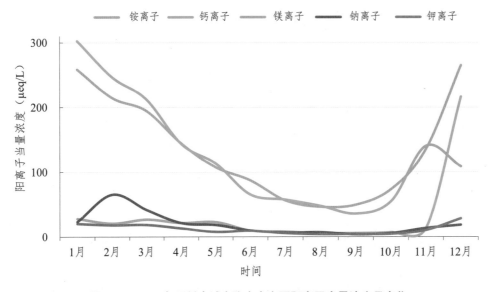

图3.3-9　2021年四川省城市降水中主要阳离子当量浓度月变化

三、小结

（1）2021年酸雨污染总体与上年持平。

2021年，四川省城市降水pH年均值为6.09，酸雨pH为5.05，酸雨频率为4.5%，酸雨量占总雨量的比例为5.3%。酸雨城市仍为泸州市和绵阳市，属轻酸雨城市，其余市（州）城市均为非酸雨城市。与上年相比，酸雨污染总体持平。

（2）硫酸盐仍是四川省降水的主要致酸物质，但硝酸根离子对降水酸度的影响继续加重。

降水中主要阴、阳离子为硫酸根离子、硝酸根离子、铵离子和钙离子，硫酸根离子和硝酸根离子的当量浓度比为1.3，硫酸盐仍为降水中的主要致酸物质。受机动车氮氧化物排放持续增长等因素影响，硝酸根离子的当量浓度仍然呈上升趋势，硫酸根离子与硝酸根离子的浓度比继续下降，硝酸根离子对降水酸度的影响持续加重。

第四章　地表水环境质量

一、地表水水质现状

根据生态环境部印发的《关于印发"十四五"国家空气、地表水环境质量监测网设置方案的通知》（环办监测〔2020〕3号）和四川省生态环境厅印发的《关于印发"十四五"省控地表水环境质量监测网的通知》（川环办函〔2020〕254号）的要求，自2021年1月起，四川省地表水环境质量监测断面共计343个，其中国控断面203个，省控断面140个；河流断面329个，湖库断面14个。

1. 总体水质状况

2021年，四川省地表水水质总体优。343个地表水监测断面中，Ⅰ～Ⅲ类水质断面325个，所占比例为94.8%，Ⅳ类水质断面18个，所占比例为5.2%；无Ⅴ类、劣Ⅴ类水质断面。18个超Ⅲ类水质断面主要集中在岷江、沱江、渠江、涪江的支流段，污染指标为化学需氧量、总磷、高锰酸盐指数和氨氮，分别为11个、7个、3个和2个断面。2021年四川省河流水质状况如图3.4-1所示。2021年四川省地表水水质断面类别如图3.4-2所示。

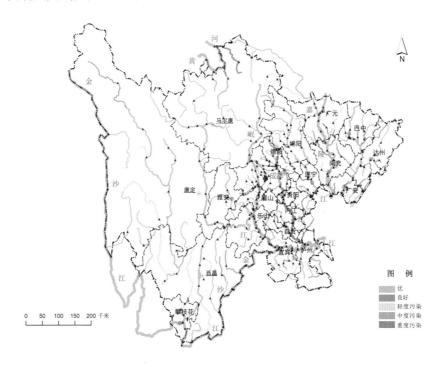

图3.4-1　2021年四川省河流水质状况

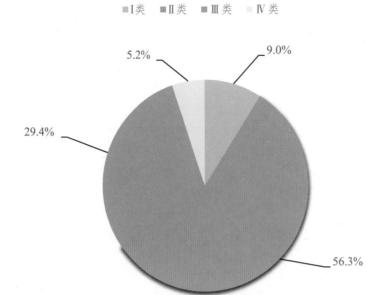

图3.4-2　2021年四川省地表水水质断面类别

2. 十三大流域水质状况

2021年，长江（金沙江）、雅砻江、安宁河、赤水河、岷江、大渡河、青衣江、嘉陵江、涪江、渠江、黄河流域水质总体均为优，沱江、琼江水质总体良好。2021年十三条重点流域水质状况如图3.4-3所示。

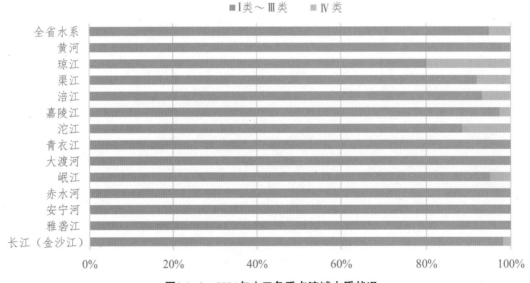

图3.4-3　2021年十三条重点流域水质状况

长江（金沙江）流域　水质总体优。52个断面中，Ⅰ～Ⅲ类水质断面51个，占98.1%；Ⅳ类水质断面1个，占1.9%，为大陆溪的四明水厂，主要污染指标为化学需氧量、高锰酸盐指数；无Ⅴ类、劣Ⅴ类水质断面。

雅砻江流域　水质总体优。16个断面均为Ⅰ～Ⅱ类水质，占100%。

安宁河流域　水质总体优。7个断面均为Ⅱ类水质，占100%。

赤水河流域　水质总体优。4个断面均为Ⅱ～Ⅲ类水质，占100%。

2021年长江（金沙江）、雅砻江、安宁河、赤水河流域水质状况如图3.4-4所示。

图3.4-4　2021年长江（金沙江）、雅砻江、安宁河、赤水河流域水质状况

岷江流域　水质总体优。60个监测断面中，Ⅰ～Ⅲ类水质断面57个，占95.0%；Ⅳ类水质断面3个，占5.0%，为体泉河的体泉河口、茫溪河的茫溪大桥和越溪河的于佳乡黄龙桥断面，主要污染指标为总磷、化学需氧量；无Ⅴ类、劣Ⅴ类水质断面。

干流：水质优，18个断面均为Ⅰ～Ⅲ类水质，占100%。

支流：水质优，42个断面中，Ⅰ～Ⅲ类水质断面39个，占92.9%；Ⅳ类水质断面3个，占7.1%，为体泉河的体泉河口、茫溪河的茫溪大桥和越溪河的于佳乡黄龙桥断面，污染指标为总磷、化学需氧量。

大渡河流域　水质总体优。22个断面均为Ⅰ～Ⅲ类水质，占100%。

青衣江流域　水质总体优。8个断面均为Ⅱ类水质，占100%。

2021年岷江、大渡河、青衣江流域水质状况如图3.4-5所示。

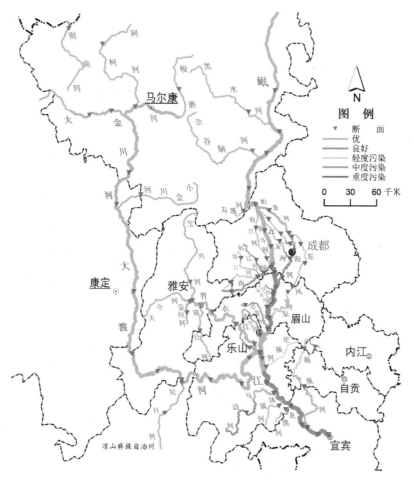

图3.4-5 2021年岷江、大渡河、青衣江流域水质状况

沱江流域 水质总体良好。60个监测断面中，Ⅰ～Ⅲ类水质断面53个，占88.3%；Ⅳ类水质断面7个，占11.7%，为富顺河的碾子湾村、阳化河的红日河大桥、环溪河的兰家桥、小阳化河的万安桥、小濛溪河的资安桥、釜溪河的双河口、隆昌河的九曲河断面，主要污染指标为化学需氧量、高锰酸盐指数；无Ⅴ类、劣Ⅴ类水质断面。2021年沱江流域状况如图3.4-6所示。

干流：水质优，12个断面均为Ⅲ类水质，占100%。

支流：水质良好，48个断面中，Ⅰ～Ⅲ类水质断面41个，占85.4%；Ⅳ类水质断面7个，占14.6%，为富顺河的碾子湾村、阳化河的红日河大桥、环溪河的兰家桥、小阳化河的万安桥、小濛溪河的资安桥、釜溪河的双河口、隆昌河的九曲河断面，主要污染指标为化学需氧量、高锰酸盐指数。

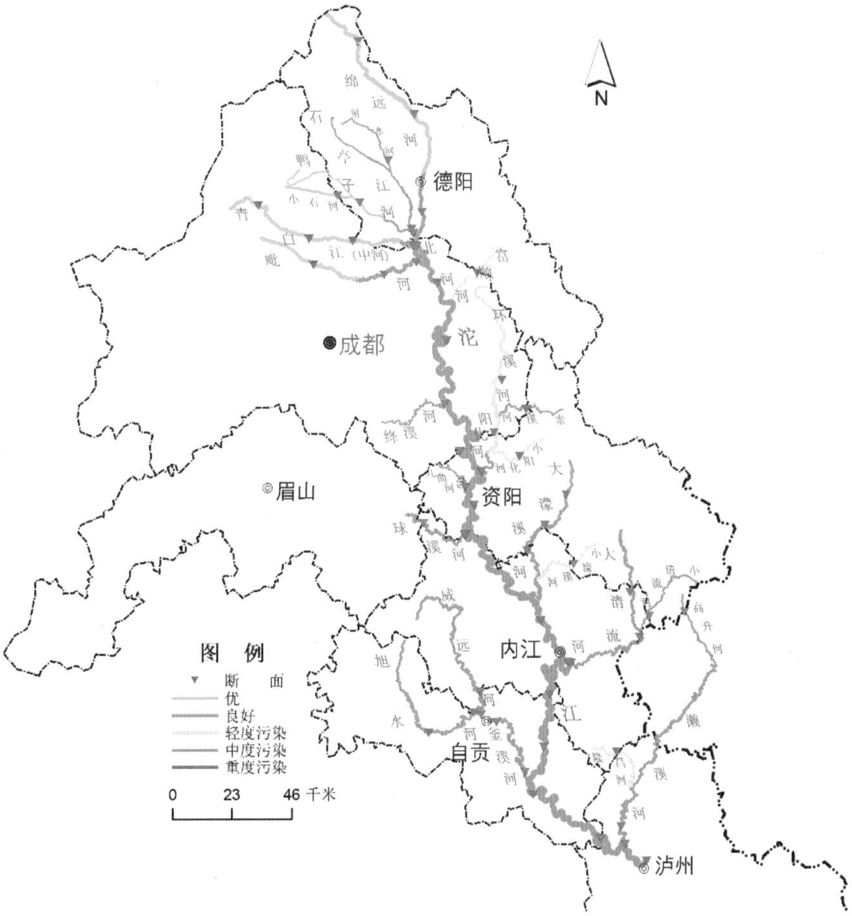

图3.4-6 2021年沱江流域水质状况示意图

嘉陵江流域 水质总体优。37个断面中，Ⅰ～Ⅲ类水质断面36个，占97.3%；Ⅳ类水质断面1个，占2.7%，为长滩寺河的郭家坝断面，污染指标为总磷；无Ⅴ类、劣Ⅴ类水质断面。

涪江流域 水质总体优。29个断面中，Ⅰ～Ⅲ类水质断面27个，占93.1%；Ⅳ类水质断面2个，占6.9%，为芝溪河的涪山坝、坛罐窑河的白鹤桥断面，污染指标为总磷、化学需氧量、高锰酸盐指数；无Ⅴ类、劣Ⅴ类水质断面。

渠江流域 水质总体优。37个断面中，Ⅱ～Ⅲ类水质断面34个，占91.9%；Ⅳ类水质断面3个，占8.1%，为新宁河的大石堡平桥、平滩河的牛角滩、东柳河的墩子河断面，污染指标为总磷、氨氮；无Ⅴ类、劣Ⅴ类水质断面。

琼江流域 水质总体良好。5个断面中，4个均为Ⅲ类水质，占80%；1个为Ⅳ类水质，占20%，为姚市河的白沙断面，污染指标为化学需氧量；无Ⅴ类、劣Ⅴ类水质断面。

黄河流域 水质总体优。6个断面均为Ⅱ～Ⅲ类水质，占100%。

2021年嘉陵江、渠江、琼江、涪江流域及黄河流域水质状况如图3.4-7所示。

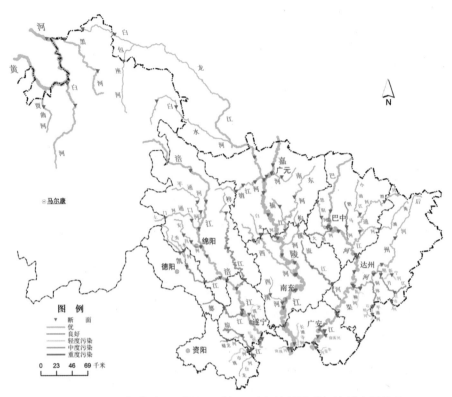

图3.4-7　2021年嘉陵江、渠江、琼江、涪江流域及黄河流域水质状况

3. 入川、共界及出川断面水质状况

根据中国环境监测总站共享的"十四五"国控断面数据以及"十四五"省控断面统计，四川省入川断面33个，共界断面11个，出川断面32个。

（1）入川断面。

2021年，四川省33个入川断面中，Ⅰ～Ⅲ类水质断面32个，占97.0%；大陆溪河的湾凼断面为Ⅳ类水质，占3.0%。2021年四川省地表水入川断面水质状况见表3.4-1。

表3.4-1　2021年四川省地表水入川断面水质状况

序号	断面名称	河流名称	所在流域	跨界区域	水质类别
1	龙洞	金沙江	长江（金沙江）	丽江—攀枝花	Ⅰ
2	老火房	金沙江	长江（金沙江）	丽江—凉山	Ⅰ
3	三块石	金沙江	长江（金沙江）	昭通—宜宾	Ⅱ
4	黄沙坡	金沙江	长江（金沙江）	昭通—宜宾	Ⅰ
5	直门达	通天河	长江（金沙江）	玉树—甘孜	Ⅱ
6	湾凼	大陆溪	长江（金沙江）	重庆—泸州	Ⅳ
7	灰窝村	鳡鱼河	长江（金沙江）	丽江—凉山	Ⅱ
8	红海子	宁蒗河	长江（金沙江）	丽江—凉山	Ⅱ
9	前所河云南出境	前所河	长江（金沙江）	丽江—凉山	Ⅱ
10	观音岩	新庄河	长江（金沙江）	丽江—攀枝花	Ⅱ

序号	断面名称	河流名称	所在流域	跨界区域	水质类别
11	横江桥	横江	长江（金沙江）	昭通—宜宾	Ⅱ
12	邓家河	罗布河	长江（金沙江）	昭通—宜宾	Ⅱ
13	洛亥	南广河	长江（金沙江）	昭通—宜宾	Ⅱ
14	永宁河云南出境	永宁河	长江（金沙江）	昭通—宜宾	Ⅱ
15	水寨子	任河	长江（金沙江）	城口—达州	Ⅱ
16	竹节寺	雅砻江	雅砻江	玉树—甘孜	Ⅱ
17	鲢鱼溪	赤水河	赤水河	遵义—泸州	Ⅱ
18	茅台	赤水河	赤水河	遵义—泸州	Ⅱ
19	长沙	习水河	赤水河	遵义—泸州	Ⅱ
20	阿坝	阿柯河	大渡河	果洛—阿坝	Ⅱ
21	友谊桥	大渡河	大渡河	果洛—阿坝	Ⅱ
22	大埂	大清流河	沱江	重庆—内江	Ⅲ
23	高洞电站	濑溪河	沱江	荣昌—泸州	Ⅲ
24	朱家坝	碑坝河	渠江	汉中—巴中	Ⅱ
25	通江陕西出境	通江	渠江	汉中—巴中	Ⅱ
26	福成	小通江	渠江	汉中—巴中	Ⅱ
27	溪口镇平桥村	浑水河	渠江	重庆—广安	Ⅲ
28	土堡寨	前河	渠江	城口—达州	Ⅱ
29	大通江陕西出境	尹家河	渠江	汉中—巴中	Ⅱ
30	赤南	月滩河	渠江	汉中—广元	Ⅱ
31	姚渡	白龙江	嘉陵江	陇南—广元	Ⅱ
32	八庙沟	嘉陵江	嘉陵江	汉中—广元	Ⅰ
33	盐井河陕西出境	盐井河	嘉陵江	汉中—广元	Ⅱ

（2）共界断面。

2021年，四川省11个共界断面中，Ⅰ～Ⅲ类水质断面11个，占100%。2021年四川省地表水共界断面水质状况见表3.4-2。

表3.4-2　2021年四川省地表水共界断面水质状况

序号	断面名称	河流名称	所在流域	跨界区域	水质类别
1	金沙江岗托桥	金沙江	长江（金沙江）	甘孜、昌都	Ⅱ
2	洛须镇温托村	金沙江	长江（金沙江）	甘孜、昌都	Ⅱ
3	贺龙桥	金沙江	长江（金沙江）	甘孜、迪庆	Ⅰ
4	蒙姑	金沙江	长江（金沙江）	凉山、昆明	Ⅱ
5	泸沽湖湖心	泸沽湖	长江（金沙江）	宁蒗、凉山	Ⅰ

续表3.4-2

序号	断面名称	河流名称	所在流域	跨界区域	水质类别
6	清池	赤水河	赤水河	毕节、泸州	Ⅱ
7	郎木寺	白龙江	嘉陵江	阿坝、甘南	Ⅱ
8	摇金	南溪河	嘉陵江	合川、广安	Ⅲ
9	联盟桥	任市河	渠江	梁平、达州	Ⅲ
10	上河坝	铜钵河	渠江	梁平、达州	Ⅲ
11	玛曲	黄河	黄河	阿坝、甘南	Ⅱ

（3）出川断面。

2021年，四川省32个出川断面中，Ⅰ～Ⅲ类水质断面28个，占87.5%；Ⅳ类水质断面4个，占12.5%，为大陆溪的四明水厂、坛罐窑河的白鹤桥、平滩河的牛角滩和姚市河的白沙断面，污染指标为化学需氧量、高锰酸盐指数、总磷和氨氮。2021年四川省地表水出川断面水质状况见表3.4-3。

表3.4-3　2021年四川省地表水出川断面水质状况

序号	断面名称	河流名称	所在流域	跨界区域	水质类别
1	水磨沟村	金沙江	长江（金沙江）	甘孜—昌都	Ⅱ
2	大湾子	金沙江	长江（金沙江）	攀枝花—楚雄	Ⅱ
3	葫芦口	金沙江	长江（金沙江）	凉山—昭通	Ⅰ
4	雷波县金沙镇	金沙江	长江（金沙江）	凉山—昭通	Ⅱ
5	宝宁村	金沙江	长江（金沙江）	宜宾—昭通	Ⅱ
6	朱沱	长江	长江（金沙江）	泸州—永川	Ⅱ
7	油米	水洛河	长江（金沙江）	凉山—丽江	Ⅱ
8	四明水厂	大陆溪	长江（金沙江）	泸州—永川	Ⅳ
9	白杨溪	塘河	长江（金沙江）	泸州—永川	Ⅱ
10	巫山乡	南河	长江（金沙江）	达州—城口	Ⅱ
11	幺滩	御临河	长江（金沙江）	广安—长寿	Ⅱ
12	黎家乡崔家岩村	大洪河	长江（金沙江）	广安—长寿	Ⅲ
13	白杨溪电站	任河	长江（金沙江）	达州—城口	Ⅱ
14	太平渡	古蔺河	赤水河	泸州—永川	Ⅲ
15	两汇水	大同河	赤水河	泸州—永川	Ⅱ
16	李家碥	大清流河	沱江	内江—荣昌	Ⅲ
17	红光村	高升河	沱江	资阳—大足	Ⅲ
18	金子	嘉陵江	嘉陵江	广安—合川	Ⅱ
19	迭部	白龙江	嘉陵江	阿坝—甘南	Ⅱ
20	县城马踏石点	白水江	嘉陵江	阿坝—陇南	Ⅰ
21	川甘交界	包座河	嘉陵江	阿坝—甘南	Ⅱ

续表3.4-3

序号	断面名称	河流名称	所在流域	跨界区域	水质类别
22	玉溪	涪江	涪江	遂宁—潼南	Ⅱ
23	白鹤桥	坛罐窑河	琼江	遂宁—潼南	Ⅳ
24	码头	渠江	渠江	广安—合川	Ⅱ
25	黄桷	华蓥河	渠江	广安—合川	Ⅱ
26	牛角滩	平滩河	渠江	达州—梁平	Ⅳ
27	凌家桥	石桥河	渠江	达州—梁平	Ⅲ
28	大安	琼江	琼江	遂宁—潼南	Ⅲ
29	白沙	姚市河	琼江	资阳—潼南	Ⅳ
30	两河	龙台河	琼江	资阳—潼南	Ⅲ
31	唐克	白河	黄河	阿坝—甘南	Ⅱ
32	贾柯牧场	贾曲河	黄河	阿坝—甘南	Ⅱ

二、水质变化趋势

1. 2021年时空变化规律

空间规律分析。攀西高原和川西北地区河流水质保持稳定，主要涉及黄河、长江（金沙江）、雅砻江、安宁河、赤水河、大渡河、青衣江流域，水质总体优；成都平原区域、川南区域、川东北区域是岷江、沱江、嘉陵江、渠江、琼江的主要流经区域，人口、工业、社会发展相对集中，部分支流受到污染，沱江、琼江水质总体良好。2021年受到污染的河流主要为：长江（金沙江）支流大陆溪，嘉陵江支流长滩寺河，岷江支流体泉河、茫溪河和越溪河，沱江支流富顺河、阳化河、环溪河、小阳化河、小濛溪河、釜溪河和隆昌河，渠江支流新宁河、平滩河和东柳河，涪江支流芝溪河、坛罐窑河和姚市河，均受到轻度污染。

时间规律分析。四川省河流水质受地表污染物和气象因素协同作用影响，呈现明显的盆地季节性特征。主要表现在两个方面：一是降雨冲刷地面带来的面源污染在平水期转丰水期时作用明显；二是初期雨水过后的持续降雨增加了生态流量，加大了水体的稀释和自净能力，利于水质改善。2021年1—5月，随着降雨量增加，对地表的冲刷加重面源污染，断面水质优良率逐渐下降；6—8月，持续降雨增加了生态流量，断面水质优良率逐步上升，水质从良好转为优；9—12月，水质保持优。2021年四川省地表水水质类别分布如图3.4-8所示。

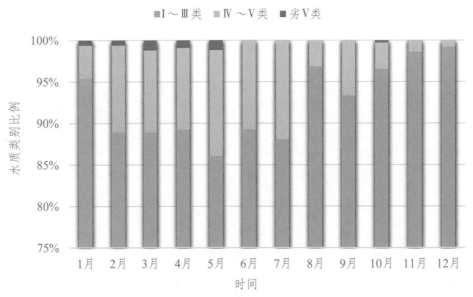

图3.4-8　2021年四川省地表水水质类别分布

在2021年监测中，四川省十三大流域共168条河流，其中62条全年均有超Ⅲ类水质时段，占36.9%，均为支流，主要集中在长江（金沙江）、沱江、岷江、琼江、渠江及嘉陵江流域。2021年四川省地表水超Ⅲ类水质河流年内水质变化情况见表3.4-4。

表3.4-4　2021年四川省地表水超Ⅲ类水质河流年内水质变化情况

流域	河流	主要流经地区	1月	2月	3月	4月	5月	6月	7月	8月	9月	10月	11月	12月
长江（金沙江）	西溪河	凉山	Ⅱ	Ⅱ	Ⅲ	Ⅲ	Ⅳ	Ⅱ	Ⅲ	Ⅲ	Ⅲ	Ⅱ	Ⅱ	Ⅱ
长江（金沙江）	大陆溪	泸州	Ⅲ	Ⅲ	Ⅲ	Ⅳ	Ⅳ	Ⅳ	Ⅳ	Ⅳ	Ⅳ	Ⅳ	Ⅳ	Ⅳ
长江（金沙江）	古宋河	泸州	Ⅱ	Ⅱ	Ⅲ	Ⅱ	Ⅱ	Ⅱ	Ⅳ	Ⅱ	Ⅱ	Ⅱ	Ⅱ	Ⅱ
沱江	环溪河	成都	Ⅲ	Ⅳ	Ⅳ	Ⅳ	Ⅳ	Ⅴ	Ⅳ	Ⅲ	Ⅳ	Ⅳ	Ⅲ	Ⅲ
沱江	北河	成都	Ⅲ	Ⅲ	Ⅳ	Ⅳ	Ⅲ	Ⅲ	Ⅲ	Ⅲ	Ⅲ	Ⅲ	Ⅲ	Ⅲ
沱江	绛溪河	成都	Ⅲ	Ⅳ	Ⅳ	Ⅲ	Ⅲ	Ⅲ	Ⅲ	Ⅲ	Ⅲ	Ⅲ	Ⅲ	Ⅱ
沱江	富顺河	德阳	Ⅳ	Ⅳ	Ⅳ	Ⅲ	Ⅳ	Ⅳ	Ⅴ	Ⅳ	Ⅲ	Ⅲ	Ⅲ	Ⅱ
沱江	绵远河	德阳	Ⅲ	Ⅲ	Ⅳ	Ⅲ	Ⅲ	Ⅱ	Ⅱ	Ⅲ	Ⅲ	Ⅲ	Ⅱ	Ⅱ
沱江	石亭江	德阳	Ⅲ	Ⅲ	Ⅲ	Ⅲ	Ⅲ	Ⅲ	Ⅲ	Ⅳ	Ⅲ	Ⅲ	Ⅲ	Ⅲ
沱江	中河	德阳	Ⅱ	Ⅳ	Ⅲ	Ⅳ	Ⅲ	Ⅲ	Ⅲ	Ⅲ	Ⅱ	Ⅲ	Ⅲ	Ⅲ
沱江	隆昌河	泸州	Ⅳ	Ⅳ	Ⅳ	Ⅳ	Ⅳ	Ⅳ	Ⅳ	Ⅳ	Ⅳ	Ⅲ	Ⅳ	Ⅲ
沱江	濑溪河	泸州	Ⅲ	Ⅲ	Ⅲ	Ⅲ	Ⅲ	Ⅲ	Ⅲ	Ⅳ	Ⅲ	Ⅲ	Ⅲ	Ⅲ
沱江	大清流河	内江	Ⅲ	Ⅳ	Ⅳ	Ⅲ	Ⅳ	Ⅲ	Ⅲ	Ⅲ	Ⅲ	Ⅲ	Ⅲ	Ⅲ

流域	河流	主要流经地区	1月	2月	3月	4月	5月	6月	7月	8月	9月	10月	11月	12月
沱江	小濛溪河	内江	IV	IV	IV	IV	IV	IV	IV	IV	III	III	III	III
沱江	小清流河	内江	III	III	IV	IV	III	V	IV	III	III	V	III	III
沱江	清流河	内江	III	IV	III	III	IV	III	III	III	III	III	III	III
沱江	球溪河	内江	III	III	III	III	IV	III	IV	IV	III	III	III	III
沱江	高升河	资阳	IV	III	IV	III	IV	V	III	IV	III	III	III	III
沱江	索溪河	资阳	III	III	III	III	IV	IV	IV	V	III	IV	III	II
沱江	阳化河	资阳	III	III	III	IV	V	IV	III	III	III	III	III	III
沱江	小阳化河	资阳	IV	III	III	IV	IV	IV	III	III	III	III	III	III
沱江	九曲河	资阳	III	III	III	III	IV	III	III	III	III	III	III	III
沱江	大濛溪河	资阳、内江	III	III	III	III	IV	III	IV	IV	III	III	III	III
沱江	旭水河	自贡	III	IV	III	III	III	III	III	IV	III	III	III	III
沱江	釜溪河	自贡	III	IV	III	IV	IV	IV	III	III	III	III	III	III
沱江	威远河	自贡	II	III	III	III	III	IV	III	III	III	III	III	II
渠江	大坝河	巴中	II	IV	II	III	III	III	III	II	III	II	II	III
渠江	驷马河	巴中	III	IV	V	III	IV	III	III	III	III	III	III	III
渠江	平滩河	达州	V	V	劣V	劣V	劣V	IV	III	III	III	III	III	III
渠江	石桥河	达州	IV	IV	III	III	IV	III	IV	III	III	III	III	III
渠江	东柳河	达州	III	IV	劣V	IV	IV	III	IV	II	III	III	III	III
渠江	明月江	达州	IV	IV	III	III	III	III	III	III	III	III	III	III
渠江	新宁河	达州	劣V	劣V	劣V	IV	IV	V	IV	III	III	III	III	III
渠江	铜钵河	达州	III	III	IV	III	III	II	III	III	III	III	III	II
渠江	流江河	南充、达州	III	III	IV	IV	IV	IV	III	III	III	III	II	II
琼江	琼江	遂宁	III	IV	III	IV	III	IV	IV	III	II	II	II	II
琼江	蟠龙河	资阳	III	III	III	IV	V	III	IV	IV	III	II	II	II
琼江	姚市河	资阳	IV	V	III	III	IV	III	IV	III	III	III	III	III
琼江	龙台河	资阳	III	IV	IV	IV	劣V	IV	IV	IV	III	III	III	III
岷江	泊江河	成都	II	IV	II	I	III	II	I	III	I	II	II	II
岷江	出江河	成都	II	II	V	III	III	I	III	I	III	II	II	II
岷江	蒲江河	成都	III	III	III	IV	III	IV	III	III	III	III	III	III

续表3.4-4

流域	河流	主要流经地区	1月	2月	3月	4月	5月	6月	7月	8月	9月	10月	11月	12月
岷江	斜江河	成都	Ⅲ	Ⅲ	Ⅲ	Ⅲ	Ⅳ	Ⅲ	Ⅲ	Ⅲ	Ⅳ	Ⅲ	Ⅲ	Ⅳ
岷江	新津南河	成都	Ⅱ	Ⅲ	Ⅲ	Ⅳ	Ⅲ	Ⅲ	Ⅲ	Ⅲ	Ⅲ	Ⅳ	Ⅲ	Ⅲ
岷江	茫溪河	乐山	Ⅲ	Ⅳ	Ⅲ	Ⅳ	Ⅳ	Ⅲ	Ⅳ	Ⅲ	Ⅲ	Ⅲ	Ⅲ	Ⅲ
岷江	丹棱河	眉山	Ⅳ	Ⅲ	Ⅲ	Ⅲ	Ⅲ	Ⅲ	Ⅲ	Ⅲ	Ⅲ	Ⅲ	Ⅲ	Ⅲ
岷江	思蒙河	眉山	Ⅲ	Ⅲ	Ⅲ	Ⅲ	Ⅳ	Ⅲ	Ⅲ	Ⅲ	Ⅲ	Ⅲ	Ⅲ	Ⅲ
岷江	体泉河	眉山	Ⅲ	Ⅳ	Ⅳ	Ⅳ	Ⅳ	Ⅳ	Ⅳ	Ⅳ	Ⅲ	Ⅳ	Ⅳ	Ⅲ
岷江	毛河	眉山	Ⅲ	Ⅲ	Ⅲ	Ⅲ	Ⅲ	Ⅳ	Ⅲ	Ⅲ	Ⅲ	Ⅳ	Ⅳ	Ⅲ
岷江	越溪河	内江、自贡、宜宾	Ⅲ	Ⅳ	Ⅳ	Ⅱ	Ⅳ	Ⅲ	Ⅲ	Ⅳ	Ⅱ	Ⅲ	Ⅲ	Ⅱ
嘉陵江	包座河	阿坝	Ⅱ	Ⅰ	Ⅱ	Ⅱ	Ⅱ	Ⅴ	Ⅳ	Ⅱ	Ⅱ	Ⅱ	Ⅰ	Ⅰ
嘉陵江	南溪河	广安	Ⅲ	Ⅲ	Ⅳ	Ⅱ	Ⅲ	Ⅳ	Ⅲ	Ⅲ	Ⅳ	Ⅲ	Ⅲ	Ⅲ
嘉陵江	长滩寺河	广安	Ⅲ	Ⅴ	Ⅳ	Ⅳ	Ⅳ	Ⅲ	Ⅲ	Ⅲ	Ⅲ	Ⅲ	Ⅲ	Ⅲ
嘉陵江	西溪河	南充	Ⅲ	劣Ⅴ	Ⅲ	Ⅳ	Ⅳ	Ⅲ	Ⅲ	Ⅲ	Ⅲ	Ⅲ	Ⅲ	Ⅲ
嘉陵江	西充河	南充	Ⅳ	Ⅲ	Ⅳ	Ⅲ	Ⅲ	Ⅲ	Ⅲ	Ⅲ	Ⅲ	Ⅲ	Ⅱ	Ⅱ
黄河	白河	阿坝	Ⅱ	Ⅱ	Ⅱ	Ⅱ	Ⅲ	Ⅴ	Ⅲ	Ⅲ	Ⅲ	Ⅲ	Ⅲ	Ⅲ
黄河	黑河	阿坝	Ⅲ	Ⅲ	Ⅲ	Ⅲ	Ⅲ	Ⅲ	Ⅲ	Ⅲ	Ⅲ	Ⅳ	Ⅲ	Ⅲ
涪江	郪江	德阳、遂宁	Ⅱ	Ⅲ	Ⅳ	Ⅱ	Ⅳ	Ⅲ	Ⅱ	Ⅲ	Ⅲ	Ⅲ	Ⅲ	Ⅲ
涪江	梓江	绵阳、遂宁	Ⅱ	Ⅲ	Ⅳ	Ⅱ	Ⅲ	Ⅲ	Ⅲ	Ⅲ	Ⅲ	Ⅲ	Ⅲ	Ⅲ
涪江	坛罐窑河	遂宁	Ⅲ	Ⅲ	Ⅳ	Ⅲ	劣Ⅴ	Ⅴ	Ⅳ	Ⅲ	Ⅲ	Ⅲ	Ⅲ	Ⅲ
涪江	芝溪河	遂宁	Ⅲ	Ⅲ	劣Ⅴ	劣Ⅴ	Ⅴ	Ⅴ	Ⅲ	Ⅲ	Ⅲ	Ⅲ	Ⅲ	Ⅲ
赤水河	古蔺河	泸州	Ⅲ	Ⅳ	Ⅲ	Ⅲ	Ⅲ	Ⅲ	Ⅲ	Ⅲ	Ⅲ	Ⅲ	Ⅲ	Ⅲ

2. 年度对比分析

2021年，四川省地表水环境质量监测断面共设置考核断面343个，其中国考断面203个，省考断面140个。与2020年相比，省考断面经过大量的优化调整，不具备年度可比性，87个国考断面全部保留，年度对比分析仅针对原87个国考断面进行。

2021年，四川省原87个国考断面均为优良水质，与上年相比，上升1.1个百分点。87个国考断面中，有6个断面水质有所改善，其中金沙江的贺龙桥、涪江的福田坝断面水质由Ⅱ类好转为Ⅰ类，岷江的悦来渡口、越西河的两河口和西河的升钟水库铁炉寺断面水质由Ⅲ类好转为Ⅱ类，釜溪河的碳研所断面水质由Ⅳ类好转为Ⅲ类；有4个断面水质类别有所下降，岷江的岳店子下、彭山岷江大桥、月波断面和鲁班水库的鲁班岛断面水质均由Ⅱ类下降为Ⅲ类；其余77个断面水质类别无明显变化。

三、湖库水质及营养状况

2021年，四川省共监测14个湖库，泸沽湖为Ⅰ类，邛海、二滩水库、黑龙滩水库、紫坪铺水库、三岔湖、双溪水库、沉抗水库、升钟水库、白龙湖、葫芦口水库为Ⅱ类，水质优；瀑布沟水库、老鹰水库、鲁班水库为Ⅲ类，水质良好。2021年四川省湖库水质状况如图3.4-9所示。

与上年相比，三岔湖水库水质略有好转，瀑布沟水库、鲁班水库水质略有下降，其余湖库水质无明显变化。

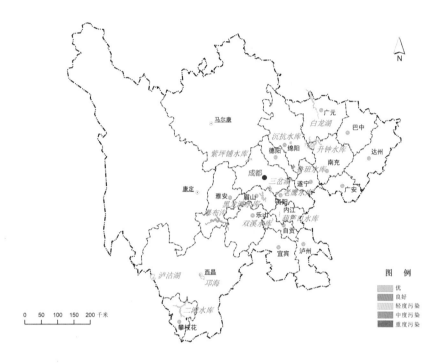

图3.4-9　2021年四川省湖库水质状况

单独评价指标　四川省14个湖库中，9个湖库总氮为Ⅰ～Ⅲ类；瀑布沟水库、双溪水库、升钟水库、葫芦口水库受到总氮的轻度污染；老鹰水库受到总氮的中度污染。8个湖库进行了粪大肠菌群的监测，均为Ⅰ～Ⅲ类。

营养现状　四川省14个湖库中，邛海、泸沽湖、紫坪铺水库为贫营养，二滩水库、黑龙滩水库、瀑布沟水库、老鹰水库、三岔湖、双溪水库、沉抗水库、鲁班水库、升钟水库、白龙湖、葫芦口水库为中营养。与上年相比，邛海富营养程度有所减轻，二滩水库、双溪水库、白龙湖的富营养程度有所加重。2021年四川省重点湖库营养状况如图3.4-10所示。

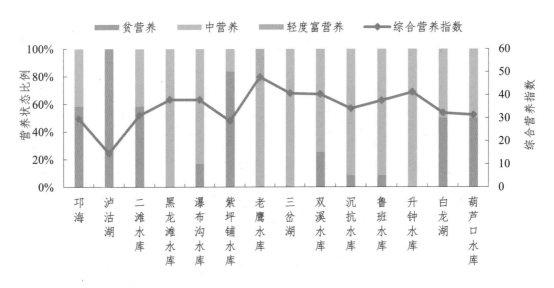

图3.4-10　2021年四川省重点湖库营养状况

四、岷江流域水生态试点监测

1. 水质理化指标监测结果

根据中国环境监测总站共享的"十四五"国控断面监测数据以及"十四五"省控断面监测数据，岷江流域9—10月各断面水质类别为Ⅰ～Ⅲ类。其中岷江上游均为Ⅰ类水质；岷江中游以Ⅲ类水质为主，占比为77.8%；岷江下游以Ⅱ类水质为主，占比为60.0%。干流Ⅰ～Ⅱ类水质占比均大于支流，干流水质明显优于支流。岷江流域各监测点位水质情况如图3.4-11所示，岷江流域水体类别占比如图3.4-12所示。

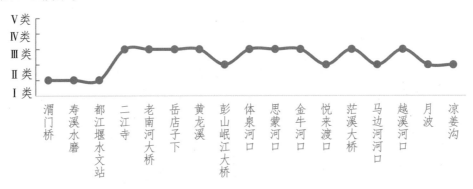

图3.4-11　岷江流域各监测点位水质情况

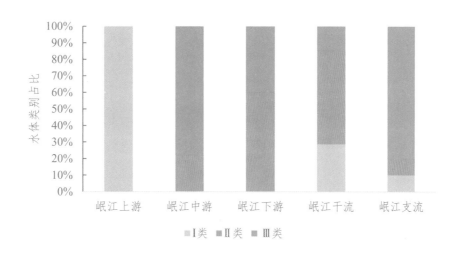

图3.4-12 岷江流域水体类别占比

2. 生境调查及评分结果

按照《河流水生态环境质量监测与评价指南》中相关技术内容，对监测点位进行生境调查和生境指标记分。岷江流域17个点位分值范围为83～152分；优秀点位仅1个，占比5.9%；良好点位6个，占比35.2%；中等点位7个，占比41.2%；较差的点位3个，占比17.7%；未出现很差点位。生境得分最高的点位为岳店子下，得分最低的点位为二江寺。对岷江流域各段的生境情况进行比较，上游的生境得分（125分）高于中游（118分）与下游（116分），干流的生境得分（127分）高于支流（113分）。岷江流域整体生境处于中等状态。岷江流域各监测点位生境调查评分情况如图3.4-13所示，岷江流域各段生境调查评分情况如图3.4-14所示。

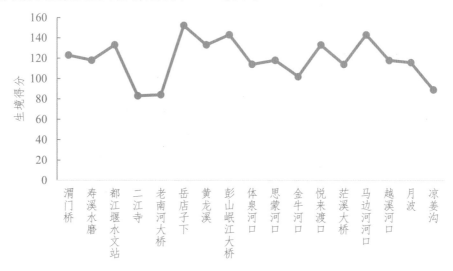

图3.4-13 岷江流域各监测点位生境调查评分情况

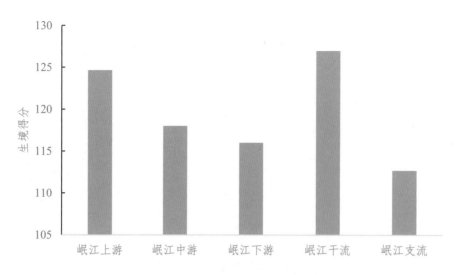

图3.4-14　岷江流域各段生境调查评分情况

从生境受干扰最严重的内容来看，岷江上游部分点位处于干旱河谷地带，属生态环境脆弱或极度脆弱区，局部江段流量较少，水生态退化较为严重，河岸带植被覆盖度低，如图3.4-15所示。岷江中游部分点位位于城市周边，河道外源污染较严重，且河道大多硬质渠化，生境遭到严重破坏，如图3.4-16所示。另外，高强度的人类活动，如河道内桥梁建设以及河岸带植被的破坏也对生境状况干扰较大，如图3.4-17所示。岷江下游部分点位为了保证水利工程调度、航运开发以及城市建设等重大工程，近岸带人类活动和土地开发强度较高，生境也遭到较大的破坏，如图3.4-18所示。

图3.4-15　生境干扰内容1：水流量较小，河岸带植被覆盖度低

图3.4-16 生境干扰内容2：河道硬质渠化及外源污染

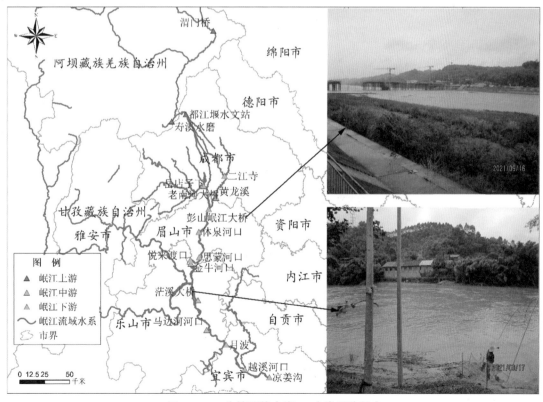

图3.4-17 生境干扰内容3：人类活动影响

图3.4-18　生境干扰内容4：航运开发及城市建设

3. 水生生物监测结果

（1）浮游植物。

岷江流域17个点位共采集到浮游植物86种（属），其中以硅藻门种类最多，有33种，占总种数的38.4%；其次为绿藻门，有29种，占总种数的33.7%；再次为蓝藻门，有12种，占总种数的14.0%；甲藻门、隐藻门、裸藻门和金藻门的种类较少，分别只有4种、3种、3种和2种。岷江流域浮游植物种类组成如图3.4-19所示。

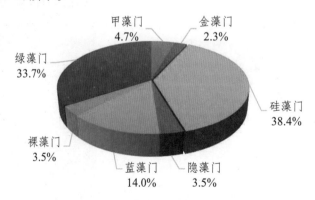

图3.4-19　岷江流域浮游植物种类组成

岷江流域浮游植物的平均密度为13.7×10^4个/L，变化范围为$1.3 \times 10^4 \sim 55.1 \times 10^4$个/L。浮游植物密度在岷江流域各段的分布情况为岷江中游（21.0×10^4个/L）>岷江下游（7.88×10^4个/L）>岷江上游（1.85×10^4个/L）。干流和支流对比，干流的密度（7.43×10^4个/L）远低于支流的密度

（18.2×10⁴个/L）。岷江流域浮游植物密度分布如图3.4-20所示。

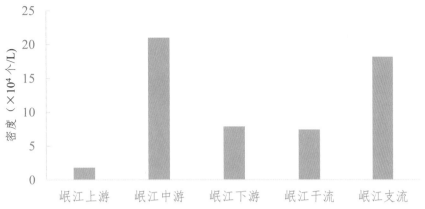

图3.4-20 岷江流域浮游植物密度分布

岷江流域浮游植物整体优势门类为硅藻门、绿藻门及蓝藻门，优势种主要有小环藻、舟形藻、针杆藻、栅藻、伪鱼腥藻、颤藻等。其中岷江上游以硅藻门的种类占绝对优势，密度占比为96.4%；中游硅藻门、绿藻门及蓝藻门的密度占比差异相对较小，分别为38.7%、33.2%和25.5%；下游以硅藻门和蓝藻门为主，密度占比分别为52.3%和33.6%。干流与支流比较，干流的硅藻门密度占比相对较高，达57.2%，支流的硅藻门与蓝藻门密度占比相差不大，分别为38.1%和35.8%。

（2）底栖动物。

岷江流域17个点位共采集到底栖动物28种，其中水生昆虫种类最多，有12种，占总种数的42.9%；其次为软体动物，有10种，占总种数的35.7%；再次为环节动物，有3种，占总种数的10.7%；甲壳动物有2种，占总种数的7.1%；其他种类仅1种，占总种数的3.6%。岷江流域底栖动物种类组成如图3.4-21所示。

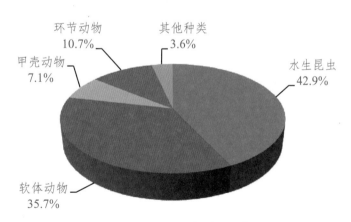

图3.4-21 岷江流域底栖动物种类组成

岷江流域底栖动物的平均密度为348个/m²，变化范围为0～960个/m²。底栖动物的密度在岷江流域各段的分布情况为岷江中游（482个/m²）>岷江下游（256个/m²）>岷江上游（102个/m²）。干流和支流对比，干流的密度（148个/m²）远低于支流的密度（489个/m²）。岷江流域底栖动物密度分布情况如图3.4-22所示。

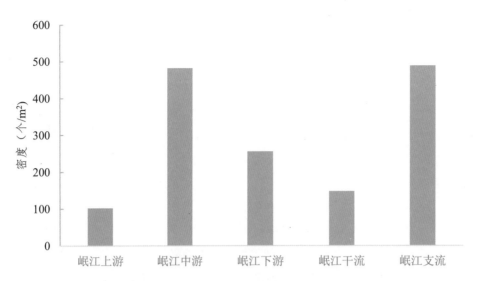

图3.4-22 岷江流域底栖动物密度分布情况

岷江上游以四节蜉、扁蜉等水生昆虫为绝对优势门类，密度占比达66.7%；中游以水丝蚓等环节动物和萝卜螺、湖沼股蛤等软体动物为主，密度占比分别为44.2%和32.0%；下游以萝卜螺等软体动物为主，密度占比为40.2%。干流与支流对比，干流各门类密度占比差异相对较小，支流中则以环节动物和软体动物占优势，密度占比分别为40.8%和34.1%。

（3）多样性指数。

岷江流域浮游植物的多样性指数平均值为1.48，变化范围为0.88～2.42，分布在较差和良好之间。其中评价为良好的点位2个，占比为11.8%；中等的点位9个，占比为52.9%；较差的点位6个，占比为35.3%。岷江流域浮游植物多样性指数整体评价为中等。岷江流域各监测点位浮游植物多样性指数如图3.4-23所示。

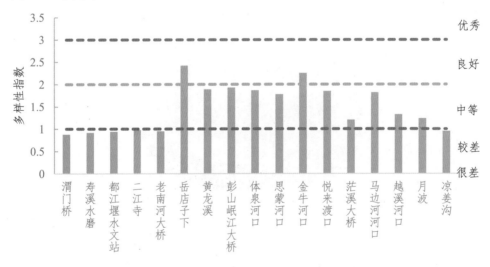

图3.4-23 岷江流域各监测点位浮游植物多样性指数

4. 水生态综合评价

利用水生态环境质量综合评价指数$WEQI$对岷江流域各监测点位进行评价，岷江流域总体得分为2.8～4.2，分布在一般和优秀之间。其中评价为优秀的点位1个，占比为5.9%；评价为良好的点位

14个，占比为82.4%；评价为一般的点位2个，占比为11.8%。岷江流域水生态环境质量整体评价为良好状态。岷江流域各监测点位水生态环境质量综合评价指数如图3.4-24所示。

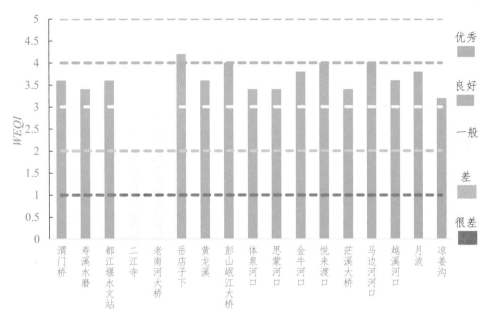

图3.4-24 岷江流域各监测点位水生态环境质量综合评价指数

五、小结

（1）2021年四川省地表水水质总体优，优良水质断面占94.8%，无Ⅴ类、劣Ⅴ类水质断面。

2021年，四川省地表水水质总体优。Ⅰ～Ⅲ类、Ⅳ类水质断面所占比例分别为94.8%、5.2%，无Ⅴ类、劣Ⅴ类水质断面。十三大流域中，长江（金沙江）、雅砻江、安宁河、赤水河、岷江、大渡河、青衣江、嘉陵江、涪江、渠江、黄河流域水质总体均为优，沱江、琼江流域水质总体良好。

（2）十三大流域干流水质均为优，超Ⅲ类水质断面主要集中在岷江、沱江、渠江、涪江的支流段。

2021年，四川省十三大流域中干流水质均为优，18个Ⅳ类水质断面主要集中在岷江（3个）、沱江（7个）、渠江（3个）、涪江（3个）的支流段，长江（金沙江）及嘉陵江支流各1个。污染指标为化学需氧量、总磷、高锰酸盐指数和氨氮，分别为11个、7个、3个和2个断面。

（3）四川省重点湖库水质均为优良，富营养程度总体略有加重。

2021年，四川省14个重点湖库中11个湖库水质为优，3个湖库水质良好。由富营养状况来看，3个湖库为贫营养，11个湖库为中营养，其中邛海富营养程度有所减轻，二滩水库、双溪水库、白龙湖的富营养程度有所加重。

（4）水生态试点监测结果表明岷江流域水生态环境质量整体为良好状态。

通过对岷江流域17个监测点位的水质理化指标监测结果、生境调查及评分结果、水生生物监测结果综合分析，利用水生态环境质量综合评价指数WEQI得到岷江流域水生态环境质量整体为良好状态，但部分点位存在水流量不足、生境破坏、水生生物多样性不高等生态环境问题。

第五章　集中式饮用水水源地水质

一、县级及以上城市集中式饮用水水源地水质现状

1. 达标情况

2021年，四川省对268个县级及以上城市集中式饮用水水源地开展监测，其中地表水型235个，地下水型33个。共布设271个监测断面（点位），所有断面（点位）所测项目全部达标，断面达标率为100%；取水总量为398570.2万吨，达标水量为398570.2万吨，水质达标率为100%。四川省县级及以上城市集中式饮用水水源地数量统计见表3.5-1。

表3.5-1　四川省县级及以上城市集中式饮用水水源地数量统计

市（州）	县级及以上饮用水水源地总数（个）	市级饮用水水源地数量（个）		县级饮用水水源地数量（个）	
		地表水型	地下水型	地表水型	地下水型
成都	23	3	0	17	3
自贡	3	1	0	2	0
攀枝花	6	2	0	4	0
泸州	8	3	0	5	0
德阳	9	1	1	4	3
绵阳	10	2	0	6	2
广元	12	2	2	8	0
遂宁	6	1	0	5	0
内江	5	3	0	2	0
乐山	13	2	0	11	0
南充	8	2	0	6	0
宜宾	14	2	0	10	2
广安	7	1	0	6	0
达州	8	1	0	6	1
巴中	6	2	0	4	0
雅安	15	1	0	10	4
眉山	4	2	0	2	0
资阳	5	1	0	4	0
阿坝州	31	7	0	23	1
甘孜州	41	4	0	37	0
凉山州	34	2	0	18	14
全省	268	45	3	190	30

2. 水质类别

2021年，四川省271个县级及以上集中式饮用水水源地监测断面（点位）中有205个断面为
Ⅰ～Ⅱ类水质，所占比例为75.6%，同比基本持平。其中市级断面（点位）40个，占市级断面（点
位）总数的83.3%；县级断面（点位）165个，占县级断面（点位）总数的75%。市级集中式饮用水
水源地水质优于县级集中式饮用水水源。2021年四川省市级、县级城市集中式饮用水水源地断面
（点位）水质类别分布如图3.5-1所示。

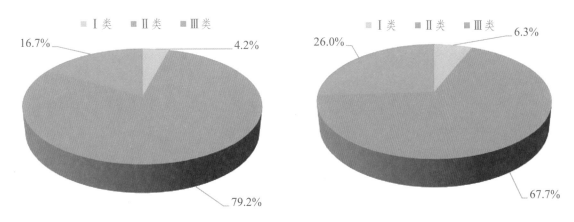

图3.5-1　2021年四川省市级（左）、县级（右）城市集中式饮用水水源地断面（点位）水质类别分布

3. 单独评价指标

2021年，四川省县级及以上城市集中式饮用水水源地监测断面单独评价指标中，总氮总计超标
93次，其中市级水源地超标36次，县级水源地超标57次，超标频次分别为38.7%和61.3%，县级超标
频次高于市级；粪大肠菌群总计超标91次，其中市级水源地超标77次，县级水源地超标14次，超标
频次分别为84.6%和15.4%，市级超标频次高于县级。

4. 特定指标检出情况

2021年，四川省县级及以上城市集中式饮用水水源地例行监测的33项特定指标中，四氯化碳、
二硝基苯和硝基氯苯3项指标全年未检出，其余30项指标不同时段出现检出，但均低于国家标准
限值。

重金属类项目检出率明显高于有机类项目，其中钡检出次数最高，全年有925次检出，最高检
出浓度为0.357毫克/升；其次是钼，全年有639次检出，最高检出浓度为0.0239毫克/升。

有机类甲醛检出次数最高，全年61次检出，最高检出浓度为0.27毫克/升；其次是邻苯二甲酸二
丁酯，全年有22次检出，最高检出浓度为0.0005毫克/升。

检出次数最少的是苯乙烯和苯并[a]芘，全年各有1次检出，检出浓度分别为0.0018毫克/升和
0.000001毫克/升。

21个市（州）中，仅阿坝州的个别县（市、区）特定指标全年未检出，其余20个市（州）的所
有县（市、区）均出现了特定指标检出情况。2021年四川省县级及以上城市集中式饮用水水源地优
选特定指标检出情况见表3.5-2。

表3.5-2　2021年四川省县级及以上城市集中式饮用水水源地优选特定指标检出情况

指标名称	检出浓度范围（mg/L）	标准限值	检出次数（次）	指标名称	检出浓度范围（mg/L）	标准限值	检出次数（次）
三氯甲烷	0.0009～0.0016	0.06	12	邻苯二甲酸二丁酯	0.00005～0.0005	0.003	22
三氯乙烯	0.0002～0.0068	0.007	16	邻苯二甲酸二（2-乙基己基）酯	0.00004～0.00069	0.008	17
四氯乙烯	0.0001～0.0025	0.04	18	滴滴涕	0.00096～0.00098	0.001	2
苯乙烯	0.0018	0.02	1	林丹	0.000013～0.000027	0.002	2
甲醛	0.03～0.27	0.9	61	阿特拉津	0.00005～0.000149	0.003	15
苯	0.008	0.01	2	苯并[a]芘	0.000001	2.8×10^{-6}	1
甲苯	0.0001～0.003	0.7	13	钼	0.00006～0.0239	0.07	639
乙苯	0.0001～0.0029	0.3	3	钴	0.00003～0.013	1.0	375
二甲苯①	0.0002～0.0086	0.5	7	铍	0.000022～0.00069	0.002	34
异丙苯	0.0014～0.0018	0.25	3	硼	0.00002～0.3	0.5	618
氯苯	0.0018	0.3	2	锑	0.00002～0.00416	0.005	438
1,2-二氯苯	0.0001～0.0023	1.0	4	镍	0.00006～0.015	0.02	522
1,4-二氯苯	0.0001～0.0002	0.3	2	钡	0.000247～0.357	0.7	925
三氯苯②	0.0001～0.0002	0.002	8	钒	0.00008～0.048	0.05	582
硝基苯	0.00004	0.017	2	铊	0.000014～0.0001	0.0001	30

注：①二甲苯包括对二甲苯、间二甲苯、邻二甲苯；②三氯苯包括1,2,3-三氯苯、1,2,4-三氯苯、1,3,5-三氯苯。

5. 水质全分析

2021年6—7月，四川省21个市（州）城市集中式饮用水水源地均开展了1次水质全分析，地表水型109项，地下水型93项，结果表明市级集中式饮用水水源地的48个监测断面（点位）水质全部达标。

地表水型饮用水水源地全分析的80项特定项目监测结果表明，有机氯、有机磷农药指标（滴滴涕、林丹、乐果、敌敌畏、敌百虫等）均未检出，10项金属类指标（钼、钴、铍、硼、锑、镍、钡、钒、钛、铊）均有检出，但均低于国家标准限值；其他有机类指标检出情况与例行监测结果情况类似。

二、县级及以上城市集中式饮用水水源地水质变化趋势

2021年，四川省总计268个县级及以上城市集中式饮用水水源地的271个监测断面（点位）水质达标率、断面达标率全年均为100%，同比持平，水质保持稳定。

三、乡镇集中式饮用水水源地水质状况

1. 达标情况

2021年，四川省21个市（州）167个县开展了乡镇集中式饮用水水源地水质监测，共监测2577个断面（点位），其中河流型1228个、湖库型545个、地下水型804个，按上下半年监测2次。按实际开展的监测项目评价，全省共有2446个断面（点位）所测项目全部达标，断面达标率为94.9%，

较上年提高1.3个百分点；上半年断面达标率为95.5%，下半年断面达标率为96.2%，下半年达标率略高于上半年。

四川省21个市（州）中，阿坝州、凉山州和甘孜州乡镇集中式饮用水水质全年达标，其余18个市乡镇集中式饮用水水源地均存在超标现象，其中南充达标率最低，为75.7%。2021年四川省各市（州）乡镇集中式饮用水水源地达标率如图3.5-2所示。

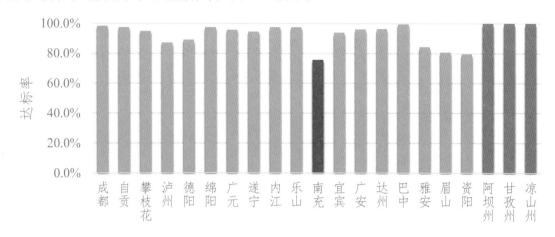

图3.5-2　2021年四川省各市（州）乡镇集中式饮用水水源地达标率

2. 超标指标分析

2021年乡镇集中式地表水型饮用水水源地超标指标有总磷、高锰酸盐指数、生化需氧量、锰和氨氮。主要污染指标：总磷，超标次数占总监测次数的0.8%；高锰酸盐指数，超标次数占总监测次数的0.5%；生化需氧量，超标次数占总监测次数的0.2%。

乡镇集中式地下水型饮用水水源地超标指标有菌落总数、总大肠菌群、锰、硫酸盐、总硬度、可溶性固体总量、铁、浑浊度、pH、氟化物以及氯化物。主要污染指标：菌落总数，超标次数占总监测次数的6.1%；总大肠菌群，超标次数占总监测次数的4.5%；锰，超标次数占总监测次数的2.2%。

2021年四川省乡镇集中式饮用水水源地水质超标指标如图3.5-3所示。

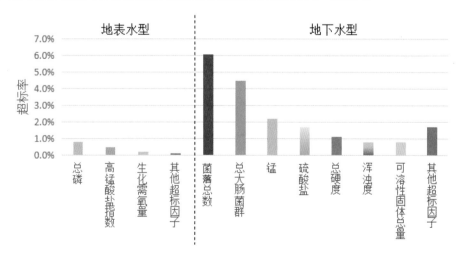

图3.5-3　2021年四川省乡镇集中式饮用水水源地水质超标指标

3. 单独评价指标分析

2021年，1773个乡镇集中式地表水型饮用水水源地监测断面（点位）中，有39个断面（点位）粪大肠菌群超标，占比2.2%。545个湖库型水源地监测点位中有211个点位总氮超标，占比38.7%。

四、小结

（1）2021年四川省集中式饮用水水源地水质良好，保持稳定。

2021年四川省268个县级及以上城市集中式饮用水水源地全年断面达标率及水质达标率均为100%，271个监测断面中Ⅱ类及以上水质所占比例为75.6%，同比持平；2577个乡镇集中式饮用水水源地水质监测断面（点位）达标率为94.9%，较上年提高1.3个百分点。全省集中式饮用水水源地水质良好，保持稳定。

（2）乡镇集中式饮用水水源地仍存在超标现象。

2021年四川省乡镇集中式饮用水水源地断面（点位）达标率虽较上年有所提高，但仍存在总磷、高锰酸盐指数、五日生化需氧量等时有超标的现象。超标原因主要有：水源地设置在小水库或小支流上，水量补充不足；水源地周边农村面源污染较严重；水源地管理体制不健全、管理不规范；等等。

第六章 地下水环境质量

一、国家地下水环境质量考核

1. 总体水质状况

2021年四川省82个国家地下水环境质量考核点位中，以Ⅲ类监测点位数量居多，共计35个，占比42.7%；Ⅰ类、Ⅱ类监测点位数量分别为2个、16个，分别占2.4%、19.5%；Ⅳ类、Ⅴ类监测点位数量分别为23个、6个，分别占28.1%、7.3%；超标点位共计9个，占比11.0%。2021年国家地下水环境质量考核点位水质总体状况如图3.6-1所示。

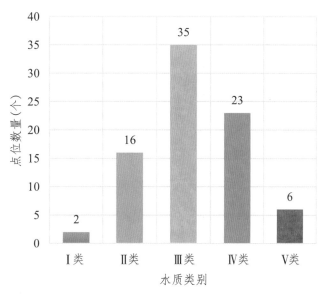

图3.6-1 2021年国家地下水环境质量考核点位水质总体状况

监测结果显示，一般化学指标中总硬度、溶解性总固体、硫酸盐、氯化物、铁、锰、铝、氨氮、耗氧量等15项指标均有检出，检出率为1.2%~100%；常规毒理学指标中硝酸盐、氟化物、亚硝酸盐、铅、砷、硒、镉、三氯甲烷、甲苯等11项指标均有检出，检出率为2.4%~100%，氰化物、汞、四氯化碳、苯4项指标未检出。污染风险监控点位选测的非常规毒理学指标中镍、二氯甲烷、二甲苯、铍、银5项指标均有检出，检出率为2.8%~100%；氯乙烯、氯苯、乙苯、苯乙烯、苯并[a]芘5项指标未检出。2021年国家地下水环境质量考核点位主要指标监测结果见表3.6-1。

表3.6-1 2021年国家地下水环境质量考核点位主要指标监测结果

项目	单位	检出率	范围值	平均值	中位值	Ⅲ类标准	Ⅳ类标准
pH	无量纲	—	6.64~8.72	—	7.18	6.5~8.5	5.5~6.5 8.5~9.0
总硬度	mg/L	100%	12~2171	362.72	295.5	450	650
溶解性总固体	mg/L	100%	110~5623	617.99	455	1000	2000
硫酸盐	mg/L	100%	2.64~1960	123.60	54.6	250	350

续表3.6-1

项目	单位	检出率	范围值	平均值	中位值	Ⅲ类标准	Ⅳ类标准
氯化物	mg/L	100%	0.626～2020	49.60	16.7	250	350
铁	mg/L	8.5%	0.01～0.3	0.07	0.03	0.3	2.0
锰	mg/L	37.8%	0.01～1.03	0.19	0.15	0.10	1.50
铜	mg/L	96.3%	0.00008～0.0071	0.001	0.00065	1.00	1.50
锌	mg/L	98.8%	0.000671～0.141	0.011	0.00653	1.00	5.00
铝	mg/L	62.2%	0.009～0.226	0.038	0.019	0.20	0.50
挥发性酚类	mg/L	2.4%	0.003～0.0084	0.0049	0.0049	0.002	0.01
阴离子表面活性剂	mg/L	2.4%	0.05～0.08	0.065	0.065	0.3	0.3
耗氧量（COD_{Mn}法）	mg/L	65.8%	0.5～6.2	1.16	0.8	3.0	10.0
氨氮	mg/L	36.6%	0.025～0.234	0.09	0.062	0.50	1.50
硫化物	mg/L	1.2%	0.005～0.006	0.006	0.005	0.02	0.10
钠	mg/L	100%	0.52～883	36.52	13.05	200	400
亚硝酸盐	mg/L	91.5%	0.003～0.109	0.015	0.009	1.00	4.80
硝酸盐	mg/L	100%	0.005～17.4	3.67	2.20	20.0	30.0
氰化物	mg/L	0	0.004	0.004	0.004	0.05	0.1
氟化物	mg/L	100%	0.042～4.95	0.26	0.16	1.0	2.0
碘化物	mg/L	4.9%	0.002～0.826	0.214	0.012	0.08	0.50
汞	mg/L	0	0.00004	0.00004	0.00004	0.001	0.002
砷	mg/L	84.1%	0.00012～0.017	0.0011	0.0004	0.01	0.05
硒	mg/L	36.6%	0.00041～0.021	0.0018	0.0008	0.01	0.1
镉	mg/L	26.8%	0.00005～0.0011	0.00013	0.000075	0.005	0.01
六价铬	mg/L	15.3%	0.004～0.013	0.0071	0.007	0.05	0.10
铅	mg/L	90.2%	0.00009～0.028	0.0011	0.00046	0.01	0.10
三氯甲烷	μg/L	15.8%	0.4～28.8	7.64	1.54	60	300
四氯化碳	μg/L	0	0.4	0.4	0.4	2.0	50.0
苯	μg/L	0	0.4	0.4	0.4	10.0	120
甲苯	μg/L	2.4%	0.3～1.04	0.72	0.72	700	1400
铍	μg/L	11.1%	0.00004～0.00009	0.00009	0.00009	0.002	0.06
镍	mg/L	100%	0.0002～0.0232	0.0032	0.00096	0.02	0.10
银	mg/L	2.8%	0.00004～0.00008	0.00007	0.00007	0.05	0.10
二氯甲烷	μg/L	33.3%	0.5～1.5	1.1	1.1	20	500
氯乙烯	μg/L	0	0.5	0.5	0.5	5.0	90.0
氯苯	μg/L	0	0.2	0.2	0.2	300	600
乙苯	μg/L	0	0.3	0.3	0.3	300	600
二甲苯	μg/L	16.7%	0.7	0.7	0.7	500	1000
苯乙烯	μg/L	0	0.2	0.2	0.2	20.0	40.0
苯并[a]芘	μg/L	0	0.0008	0.0008	0.0008	0.01	0.50

2. 区域点位水质现状

30个区域点位主要分布在成都、德阳、绵阳、遂宁、乐山、达州、眉山等7个市。监测点位以Ⅲ类居多，共计16个，占比53.3%；Ⅱ类监测点位数量为4个，占比13.3%；Ⅳ类、Ⅴ类监测点位数量分别为8个、2个，分别占26.7%、6.7%。2021年国家地下水环境质量考核区域点位水质情况如图3.6-2所示，2021年国家地下水环境质量考核区域点位水质分布如图3.6-3所示。

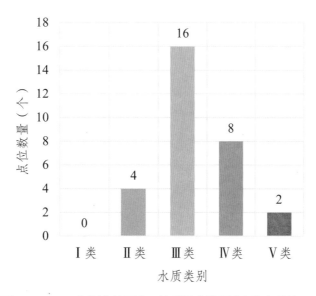

图3.6-2 2021年国家地下水环境质量考核区域点位水质情况

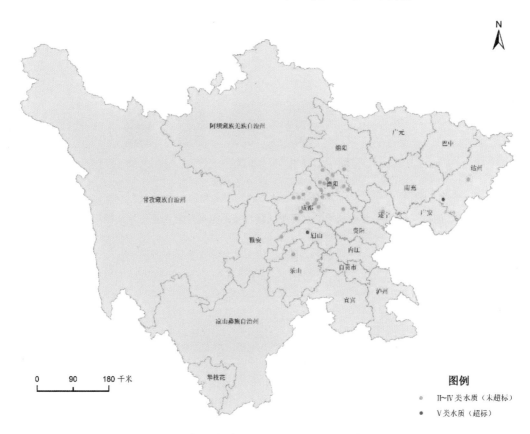

图3.6-3 2021年国家地下水环境质量考核区域点位水质分布

　　按《地下水质量标准》（GB/T 14848—2017）Ⅳ类标准评价，区域点位有2个超标，超标率为6.7%。超标点位位于达州、眉山，超标指标为硫酸盐、氟化物及总硬度。2021年国家地下水环境质量考核区域点位水质超标情况见表3.6-2。

表3.6-2　2021年国家地下水环境质量考核区域点位水质超标情况

序号	点位编号	点位名称	水质类别	超标因子
1	SC-14-70	渠县渠南华橙酒乡垂钓园	Ⅴ类	氟化物
2	SC-14-62	眉山市东坡区眉山	Ⅴ类	硫酸盐、总硬度

3.污染风险监控点位水质现状

　　31个污染风险监控点位主要分布在成都、自贡、攀枝花、泸州、南充、广安、巴中、资阳等8个市。监测点位以Ⅳ类为主，共计12个，占比38.7%；Ⅱ类、Ⅲ类监测点位分别有5个、10个，分别占16.1%、32.3%；Ⅴ类监测点位有4个，占比12.9%。2021年国家地下水环境质量考核污染风险监控点位水质情况如图3.6-4所示，2021年国家地下水环境质量考核污染风险监控点位水质分布情况如图3.6-5所示。

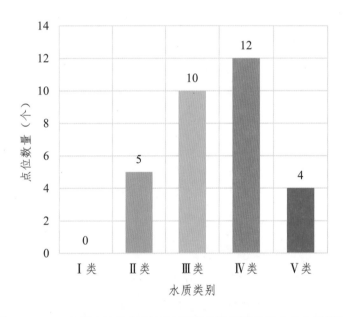

图3.6-4　2021年国家地下水环境质量考核污染风险监控点位水质情况

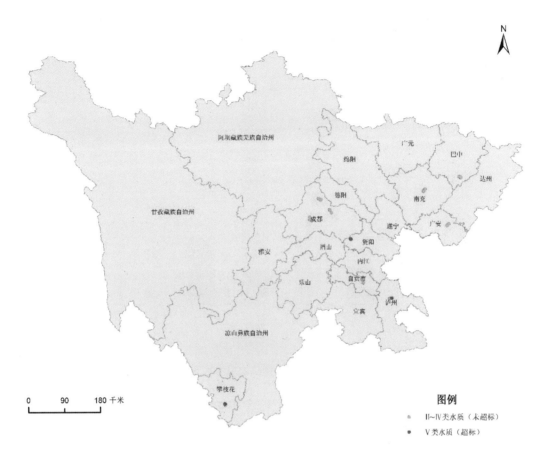

图3.6-5 2021年国家地下水环境质量考核污染风险监控点位水质分布情况

按《地下水质量标准》（GB/T 14848—2017）Ⅳ类标准评价，污染风险监控点位有4个超标，超标率为12.9％。超标点位分布在攀枝花、泸州、资阳，超标指标为硫酸盐、总硬度、溶解性总固体、氯化物、钠及碘化物。2021年国家地下水环境质量考核污染风险监控点位水质超标情况见表3.6-3。

表3.6-3 2021年国家地下水环境质量考核污染风险监控点位水质超标情况

序号	点位编号	点位名称	水质类别	超标因子
1	SC-14-29	东区攀钢集团矿业有限公司选矿厂马家田2号	Ⅴ类	硫酸盐、总硬度、溶解性总固体
2	SC-14-30	东区攀钢集团矿业有限公司选矿厂马家田3号	Ⅴ类	硫酸盐、总硬度、溶解性总固体
3	SC-14-34	江阳区泸州国家高新区管委会3号	Ⅴ类	氯化物、溶解性总固体、总硬度、钠、硫酸盐、碘化物
4	SC-14-79	雁江区临空经济区清泉工业区3号	Ⅴ类	硫酸盐、总硬度

4. 饮用水水源地监测点位水质现状

21个饮用水水源地监测点位主要分布在成都、德阳、绵阳、广元、内江、乐山、宜宾、达州、雅安、阿坝州、甘孜州、凉山州等12个市（州）。监测点位以Ⅲ类为主，共计9个，占比42.9％；Ⅰ类、Ⅱ类监测点位分别有2个、7个，分别占9.5％、33.3％；Ⅳ类监测点位有3个，占比14.3％。

2021年国家地下水环境质量考核饮用水水源地监测点位水质情况如图3.6-6所示，2021年国家地下水环境质量考核饮用水水源地监测点位水质分布如图3.6-7所示。

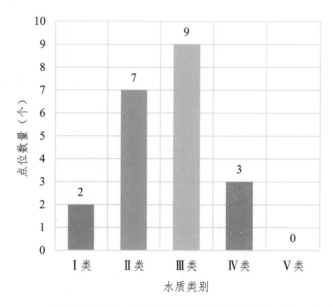

图3.6-6　2021年国家地下水环境质量考核饮用水水源地监测点位水质情况

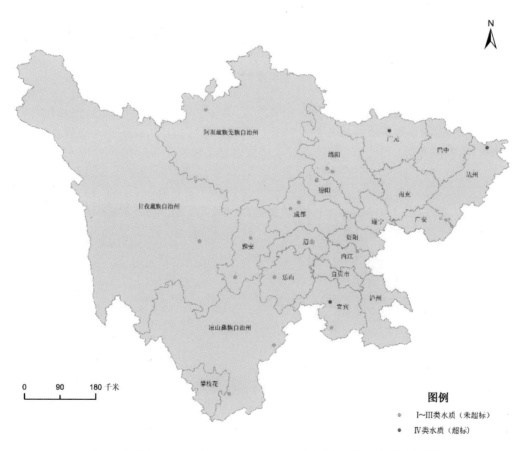

图3.6-7　2021年国家地下水环境质量考核饮用水水源地监测点位水质分布

按《地下水质量标准》（GB/T 14848—2017）Ⅲ类标准评价，饮用水水源地监测点位有3个超标，超标率为14.3%。超标点位分布在广元、宜宾、达州，超标污染指标为铅、锰、硫酸盐及总硬度。2021年国家地下水环境质量考核饮用水水源地监测点位水质超标情况见表3.6-4。

表3.6-4　2021年国家地下水环境质量考核饮用水水源地监测点位水质超标情况

序号	点位编号	点位名称	水质类别	超标因子
1	SC-14-53	广元市市中区上西水厂水源地	Ⅳ类	锰
2	SC-14-64	宜宾县华咀	Ⅳ类	铅
3	SC-14-71	万源市观音峡水源地	Ⅳ类	硫酸盐、总硬度

二、绵阳市重点污染企业（区域）地下水质量试点监测

2021年在绵阳市3个重点污染企业（区域）周边的15个点位开展地下水质量试点监测。从枯水期和丰水期监测结果的平均值来看，共有6个点位水质类别为Ⅴ类，超过评价标准，占所有监测井数量的40%。具体超标点位为绵阳市向泰阳化工有限公司2C01井和2D01井、平武县双凤选矿有限公司JC1井和二选矿井、绵阳经济技术开发产业发展园区ZK6井和JC2井，超标指标为总硬度、硫酸盐、氯化物、氟化物、钠、铁、砷、锰、锌、耗氧量（CODMn法，以O2计）、氨氮等11项。绵阳市重点污染企业地下水试点监测超标情况见表3.6-5。

表3.6-5　绵阳市重点污染企业地下水试点监测超标情况

监测对象	监测井位置	评价等级	超标因子
绵阳市向泰阳化工有限公司	2C01	Ⅴ类	总硬度、硫酸盐、铁、耗氧量（CODMn法，以O2计）、钠、氟化物、砷
	2D01	Ⅴ类	总硬度、硫酸盐、锰、氟化物
平武县双凤选矿有限公司	尾矿库JC1	Ⅴ类	硫酸盐
	二选矿	Ⅴ类	总硬度、硫酸盐、锌
绵阳经济技术开发产业发展园区	ZK6	Ⅴ类	总硬度、硫酸盐、氯化物、锰
	JC2	Ⅴ类	氯化物、氨氮

三、小结

（1）2021年四川省国家地下水环境质量考核点位水质总体较好，水质超标率较低。

2021年四川省国家地下水环境质量考核点位总体水质类别以Ⅲ类为主，占比42.7%。超标点位数共计9个，占比11.0%。引起水质超标的主要无机指标有硫酸盐、总硬度、溶解性总固体、氯化物、钠、碘化物，主要金属指标为铅、锰。超标点位主要分布在攀枝花、泸州、达州、眉山、宜宾、广元、资阳等7个市。

（2）试点监测评价结果显示污染企业（区域）地下水水质为Ⅴ类的点位数较多，关注污染企业（区域）地下水水质将是未来地下水污染防治工作的重点。

2021年绵阳市重点污染企业（区域）地下水质量试点监测结果显示，水质类别为Ⅴ类的点位数较多，占本次所有监测井数量的40%，引起超标的指标主要为总硬度、硫酸盐、氯化物、钠等，也涉及砷、锌、锰、耗氧量和氨氮等。因此，关注污染企业（区域）周边地下水水质变化趋势和改善其地下水水质状况是全省未来地下水污染防治工作的重点。

第七章　城市声环境质量

一、城市区域声环境质量

2021年，四川省21个市（州）城市区域声环境昼间质量总体为"较好"，昼间平均等效声级为54.3分贝，同比上升0.3分贝。

21个城市中，区域声环境昼间质量状况属于"较好"的有14个，占66.7%；属于"一般"的有7个，占33.3%。2021年四川省城市区域声环境昼间质量状况如图3.7-1所示。

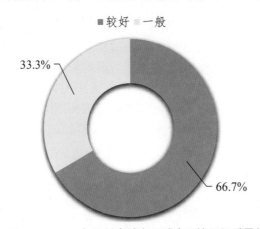

图3.7-1　2021年四川省城市区域声环境昼间质量状况

与2020年相比，四川省区域声环境昼间质量总体保持不变；区域声环境昼间质量二级城市比例下降4.7个百分点，三级城市比例上升4.7个百分点，无一级、四级、五级的城市。成都市、乐山市、广元市、巴中市由"较好"变为"一般"，自贡市、眉山市和达州市由"一般"变为"较好"，其余城市无明显变化。2020—2021年四川省城市区域声环境昼间质量平均等效声级年际变化如图3.7-2所示，2020—2021年四川省城市区域声环境昼间质量不同等级比例年际比较见表3.7-1。

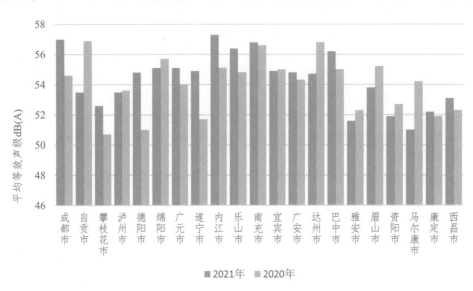

图3.7-2　2020—2021年四川省城市区域声环境昼间质量平均等效声级年际变化

表3.7-1 2020—2021年四川省城市区域声环境昼间质量不同等级比例年际比较

单位：%

声环境质量等级	一级	二级	三级	四级	五级
2021年昼间	0	66.7	33.3	0	0
2020年昼间	0	71.4	28.6	0	0

二、城市道路交通声环境质量

2021年，四川省21个市（州）城市道路交通声环境昼间质量总体为"好"；昼间长度加权平均等效声级为68.0分贝，同比下降0.4分贝；监测路段总长度为2530.5千米，达标路段占72.3%，同比基本持平。

21个城市中，道路交通声环境昼间质量状况属于"好"的城市有12个，占57.1%；属于"较好"的城市有7个，占33.3%；属于"一般"的城市有2个，占9.5%。2021年四川省城市道路交通声环境昼间质量状况如图3.7-3所示。

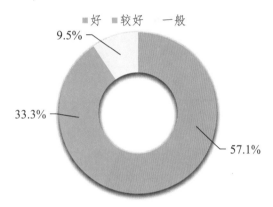

图3.7-3 2021年四川省城市道路交通声环境昼间质量状况

与2020年相比，四川省21个市（州）城市道路交通声环境昼间质量由"较好"变为"好"；道路交通声环境昼间质量一级城市比例无变化，二级城市比例上升14.3个百分点，三级城市比例下降14.3个百分点，无四级、五级的城市。内江市、雅安市由"一般"变为"好"；泸州市、达州市和资阳市由"一般"变为"较好"；攀枝花市由"较好"变为"一般"；广元市、巴中市分别由"好"变为"较好"和"一般"；其余城市变化不大。2020—2021年四川省城市道路交通声环境昼间质量不同等级比例年际比较见表3.7-2，2020—2021年四川省城市道路交通声环境昼间质量平均等效声级年际变化如图3.7-4所示。

表3.7-2 2020—2021年四川省城市道路交通声环境昼间质量不同等级比例年际比较

单位：%

声环境质量等级	一级	二级	三级	四级	五级
2021年昼间	57.1	33.3	9.5	0	0
2020年昼间	57.1	19.0	23.8	0	0

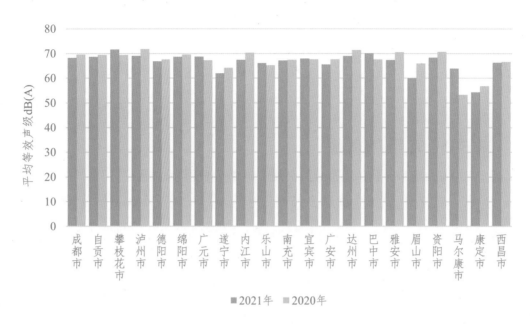

图3.7-4　2020—2021年四川省城市道路交通声环境昼间质量平均等效声级年际变化

三、城市功能区声环境质量

2021年四川省21个市（州）各类功能区共监测1808点次，其中昼、夜间各904点次。各类功能区昼间达标875点次，达标率为96.8%，同比上升1.5个百分点；夜间达标751点次，达标率为83.1%，同比上升3个百分点。各类功能区昼间达标率均比夜间高，其中3类区昼间达标率最高，为99.0%；4类区夜间达标率最低，仅为57.7%。2021年四川省城市功能区声环境监测点次达标率见表3.7-3，2020—2021年四川省城市功能区声环境监测点次达标率同比情况见表3.7-4，2021年四川省城市功能区声环境质量监测点次达标率昼、夜间对比如图3.7-5所示。

表3.7-3　2021年四川省城市功能区声环境监测点次达标率

功能区类别	1类区		2类区		3类区		4类区	
	昼间	夜间	昼间	夜间	昼间	夜间	昼间	夜间
达标点次	124	115	353	331	202	185	196	120
监测点次	132	132	360	360	204	204	208	208
点次达标率（%）	93.9	87.1	98.1	91.9	99.0	90.7	94.2	57.7

表3.7-4　2020—2021年四川省城市功能区声环境监测点次达标率同比情况

单位：%

功能区类别	1类区		2类区		3类区		4类区	
	昼间	夜间	昼间	夜间	昼间	夜间	昼间	夜间
2020年	91.7	84.2	97.6	91.1	98.2	90.2	92.9	56.5
2021年	93.9	87.1	98.1	91.9	99.0	90.7	94.2	57.7
同比变化	2.2	2.9	0.5	0.8	0.8	0.5	1.3	1.2

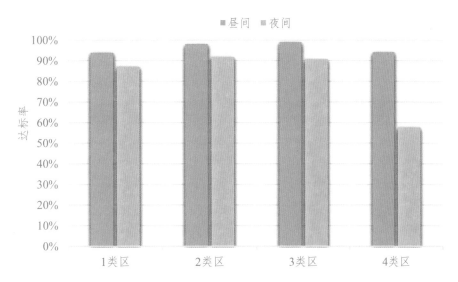

图3.7-5 2021年四川省城市功能区声环境质量监测点次达标率昼、夜间对比

按季度来说，四川省21个市（州）各功能区四个季度的昼间点次达标率为92.3%~100%，1类区先降后升，2、3类区无明显变化，4类区先升后降。夜间点次达标率为55.8%~94.4%，3类区较稳定，2类区有下降趋势，1类区先降后升，4类区缓步提升。2021年四川省城市功能区噪声昼间点次达标率变化趋势如图3.7-6所示，2021年四川省城市功能区噪声夜间点次达标率变化趋势如图3.7-7所示。

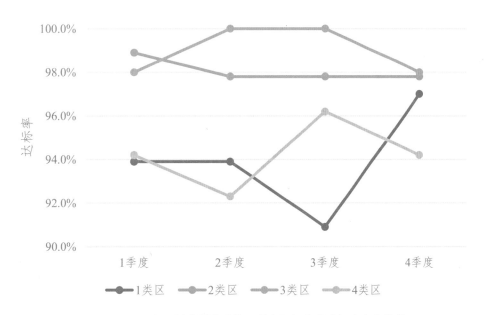

图3.7-6 2021年四川省城市功能区噪声昼间点次达标率变化趋势

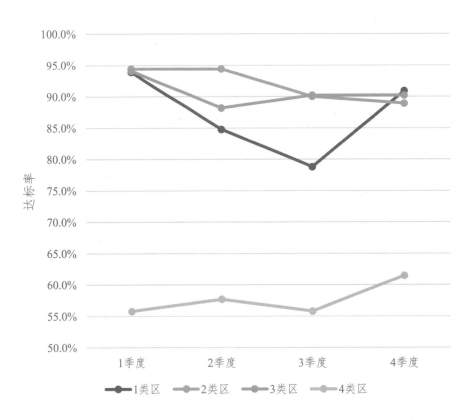

图3.7-7　2021年四川省城市功能区噪声夜间点次达标率变化趋势

四、小结

2021年，四川省声环境质量总体保持稳定。

2021年，四川省区域声环境昼间质量总体为"较好"，昼间平均等效声级为54.3分贝，同比上升0.3分贝；四川省城市道路交通声环境昼间质量总体为"好"，昼间长度加权平均等效声级为68.0分贝，同比下降0.4分贝，达标路段占72.3%；各类功能区昼间达标率为96.8%，夜间达标率为83.1%，同比均有小幅上升。

第八章　生态质量状况

一、生态质量现状

1. 省域生态质量

2021年，四川省生态环境状况指数为71.7，生态环境状况类型为"良"。生态环境状况指数的5个二级指标，即生物丰度指数、植被覆盖指数、水网密度指数、土地胁迫指数和污染负荷指数，分别为63.7、87.7、33.6、83.2和99.8，对生态环境状况指数的贡献值和贡献率大小排序为：生物丰度指数>植被覆盖指数>土地胁迫指数>污染负荷指数>水网密度指数。2021年四川省生态环境状况二级指标评价结果如图3.8-1所示。

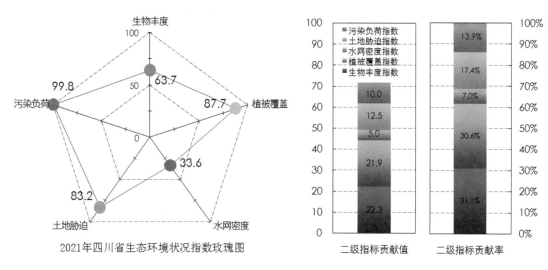

图3.8-1　2021年四川省生态环境状况二级指标评价结果

2. 市域生态质量

2021年，四川省21个市（州）生态环境状况均为"优"和"良"，生态环境状况指数介于61.2～84.4之间，其中，生态环境状况为"优"的市（州）有4个，分别为雅安、乐山、广元和凉山州，占全省面积的21.5%，占市域数量的19.0%；生态环境状况为"良"的市（州）有17个，占全省面积的78.5%，占市域数量的81.0%。2021年四川省21个市（州）生态环境状况评价结果如图3.8-2所示，2021年四川省21个市（州）生态环境状况分级数量和面积占比情况如图3.8-3所示。

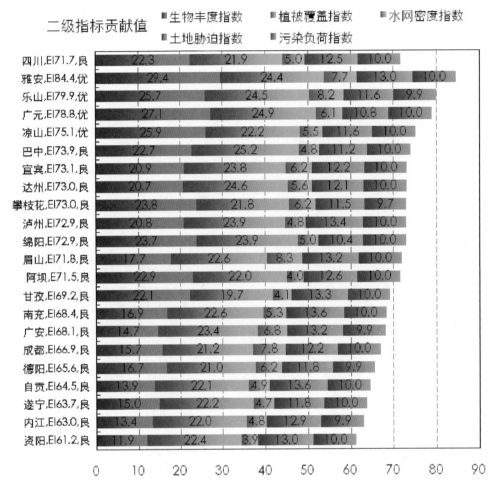

图3.8-2 2021年四川省21个市（州）生态环境状况评价结果

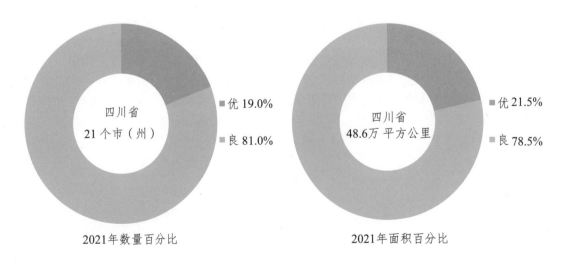

图3.8-3 2021年四川省21个市（州）生态环境状况分级数量和面积占比情况

在空间上，生态环境状况为"优"的市域主要分布在四川盆地、川西南山地和秦巴山地，该区域植被覆盖率高、生物多样性较丰富；生态环境状况为"良"的市域主要分布在四川盆地及盆周丘陵区、川西北高山高原区、岷江干旱河谷区等，该区域自然植被资源较丰富、人为干扰强度适中、社会经济实力较强。2021年四川省21个市（州）生态环境状况评价分布如图3.8-4所示。

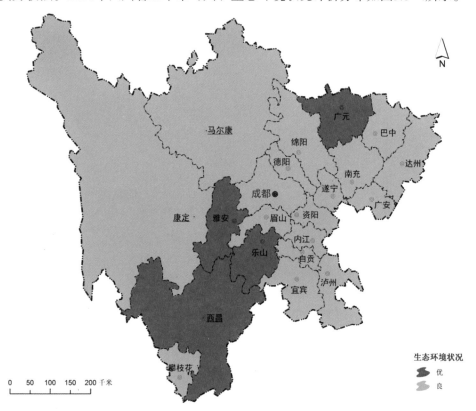

图3.8-4　2021年四川省21个市（州）生态环境状况评价分布

3. 县域生态质量

2021年，四川省183个县（市、区）中，生态环境状况以"优"和"良"为主，占全省总面积的99.9%，占县域数量的96.7%。其中，生态环境状况为"优"的县有43个，占全省总面积的24.3%，占县域数量的23.5%，生态环境状况指数值介于75.0～90.7之间；生态环境状况为"良"的县有134个，占全省总面积的75.6%，占县域数量的73.2%，生态环境状况指数值介于56.0～74.8之间；生态环境状况为"一般"的县有6个，为攀枝花东区、成都锦江区、成华区、武侯区、金牛区和青羊区，占全省总面积的0.1%，占县域数量的3.3%，生态环境状况指数值介于41.3～54.3之间。2021年四川省183个县（市、区）生态环境状况分布如图3.8-5所示。

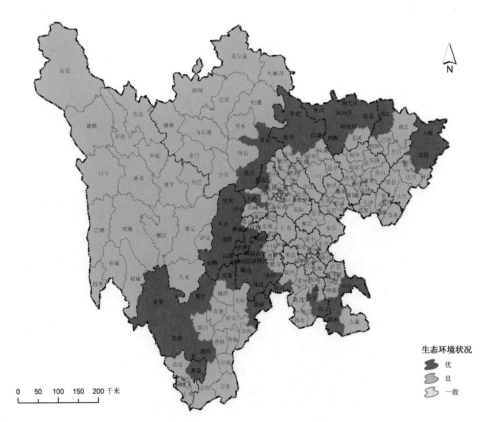

图3.8-5　2021年四川省183个县（市、区）生态环境状况分布

二、生态质量变化趋势

1.省域生态质量变化趋势

2020—2021年，四川省生态环境状况指数上升了0.4，生态环境状况比较稳定，属于"无明显变化"。生态环境状况5个分指数中，植被覆盖指数上升了1.0，水网密度指数上升了1.0，生物丰度指数、土地胁迫指数和污染负荷指数无变化。从分指数年际变化对ΔEI的贡献值来看，植被覆盖指数导致ΔEI上升0.25，水网密度指数导致ΔEI上升0.15，生物丰度指数、土地胁迫指数和污染负荷指数年际变化对ΔEI无影响。2020—2021年四川省生态环境状况指数及分指数变化趋势如图3.8-6所示。

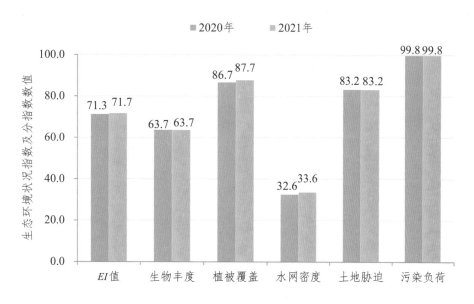

图3.8-6 2020—2021年四川省生态环境状况指数及分指数变化趋势

2. 市域生态质量变化趋势

2020—2021年，四川省21个市（州）生态环境状况变化范围为-0.3～1.4，其中，生态环境状况"略微变好"的市有4个，分别为成都、攀枝花、宜宾和南充；其余17个市（州）生态环境状况"无明显变化"。2020—2021年四川省21个市（州）生态环境状况变化情况如图3.8-7所示。

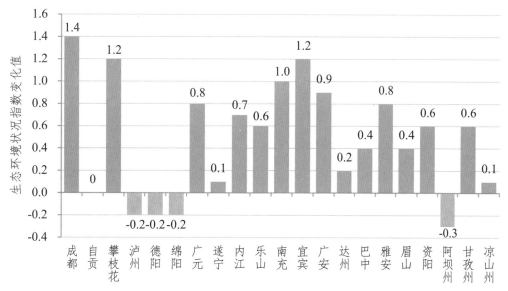

图3.8-7 2020—2021年四川省21个市（州）生态环境状况变化情况

3. 县域生态质量变化趋势

2020—2021年，四川省183个县（市、区）的生态环境状况均以"优"和"良"为主，两年生态环境状况为"优"和"良"的县域数量总和均为177个，为"一般"的县域数量均为6个。2020—2021年，全省183个县（市、区）的生态环境状况变化范围为-1.2～3.6。其中，"明显变好"的县有1个，为攀枝花东区；"略微变好"的县有47个；"略微变差"的县有1个，为泸州江阳区；"无明显变化"的县有134个。

与2020年相比，2021年四川省183个县（市、区）中，生态环境状况为"优"的县由41个上升为43个，占全省县域数量比由22.4%上升为23.5%，占全省面积比由23.4%上升为24.3%；为"良"的县由136个下降为134个，占全省县域数量比由74.3%下降为73.2%，占全省面积比由76.5%下降为75.6%；为"一般"的县没有变化，两年均为6个，占全省县域数量比均为3.3%，占全省面积比均为0.1%。

2020—2021年四川省183个县域生态环境状况各类型县域数量对比如图3.8-8所示，数量及面积占比对比如图3.8-9所示。

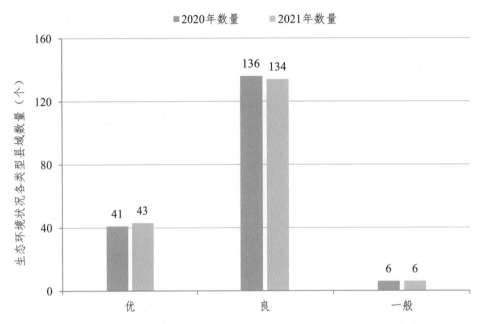

图3.8-8　2020—2021年四川省183个县域生态环境状况各类型县域数量对比

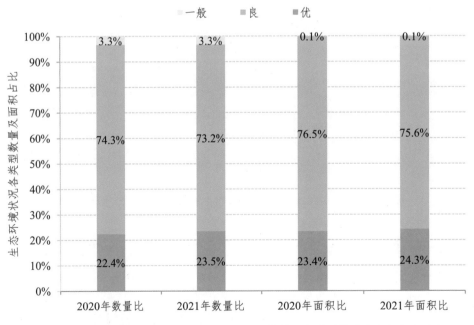

图3.8-9　2020—2021年四川省183个县域生态环境状况各类型数量及面积占比对比

三、小结

（1）2021年四川省生态环境状况为"良"。

2021年，四川省生态环境状况指数为71.7，生态环境状况类型为"良"。全省21个市（州）生态环境状况均为"优"和"良"，其中，雅安、乐山、广元和凉山州的生态环境状况为"优"，其余17个市（州）的生态环境状况为"良"。全省183个县（市、区）的生态环境状况以"优"和"良"为主，其中，生态环境状况为"优"的县有43个，为"良"的县有134个，为"一般"的县有6个。

（2）2020—2021年四川省生态环境状况保持稳定。

2020—2021年，四川省生态环境状况指数上升了0.4，生态环境状况比较稳定，属于"无明显变化"。全省21个市（州）生态环境状况变化范围为-0.3～1.4，其中，成都、攀枝花、宜宾和南充的生态环境状况"略微变好"，其余17个市（州）生态环境状况"无明显变化"。全省183个县（市、区）的生态环境状况变化范围为-1.2～3.6，其中，"明显变好"的县有1个，为攀枝花东区；"略微变好"的县有47个；"略微变差"的县有1个，为泸州江阳区；"无明显变化"的县有134个。

第九章　农村环境质量

一、农村环境状况

1. 村庄环境空气质量

（1）主要监测指标状况。

2021年村庄环境空气六项主要监测指标中，二氧化硫（SO_2）、一氧化碳（CO）达标天数比例均为100%；细颗粒物（$PM_{2.5}$）、臭氧（O_3）、可吸入颗粒物（PM_{10}）、二氧化氮（NO_2）日均值出现过超标，达标天数比例分别为96.6%、97.9%、99.1%、99.99%。主要超标指标为细颗粒物（$PM_{2.5}$）、臭氧（O_3）、可吸入颗粒物（PM_{10}），最大超标倍数分别为3.8、1.7、0.2。

（2）空气质量指数。

2021年村庄环境空气质量总体优良天数比例为94.5%，其中优占61.7%，良占32.8%。总体污染天数率为5.5%，其中轻度污染天数比例为4.6%，中度污染天数比例为0.8%，重度污染天数比例为0.1%，严重污染天数比例为0.01%。75个村庄优良天数比例为100%，占比为75.8%。2021年四川省村庄环境空气质量级别分布如图3.9-1所示。

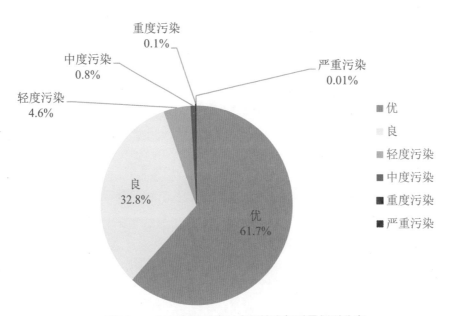

图3.9-1　2021年四川省村庄环境空气质量级别分布

2. 土壤环境质量

（1）监测点位土壤等级评价。

2021年，四川省78个村庄开展了土壤监测，共计249个监测点位，其中223个点位的监测结果低于《土壤环境质量 农用地土壤污染风险管控标准（试行）》（GB 15618—2018）中筛选值的要求，占比89.6%，分级为Ⅰ级，农用地土壤污染风险低；26个点位的监测结果出现超过筛选值的项目，主要为镉、砷、铜、镍、铬，但低于管制值要求，占比10.4%，分级为Ⅱ级，农用地可能存在污染风险。2021年四川省村庄土壤监测点位等级比例如图3.9-2所示。

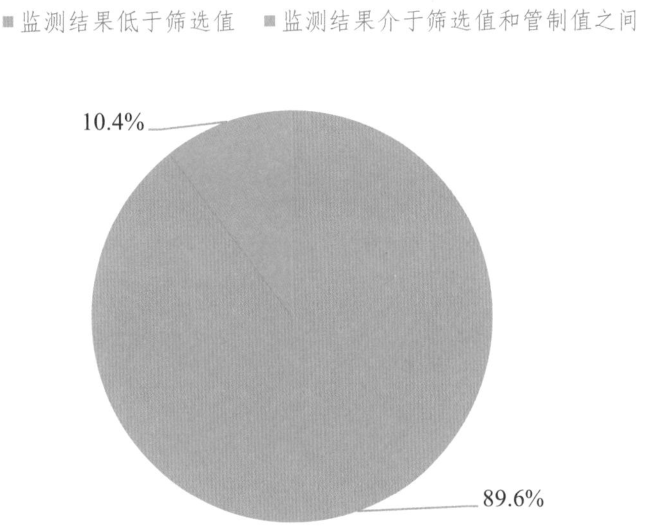

■监测结果低于筛选值 ■监测结果介于筛选值和管制值之间

10.4%

89.6%

图3.9-2 2021年四川省村庄土壤监测点位等级比例

（2）村庄土壤等级评价。

四川省开展监测的78个村庄中，66个村庄监测点位全部为Ⅰ级，占比84.6%；12个村庄出现Ⅱ级监测点位，占比15.4%，主要分布在9个市（州）的12个县，具体情况见表3.9-1。

表3.9-1 2021年四川省出现Ⅱ级土壤监测点位的村庄分布情况

序号	市（州）	县（市、区）	村庄	监控类型	监测点位总数（个）	Ⅱ级监测点位数（个）	超过筛选值的项目
1	德阳市	绵竹市	孝德镇年画村	重点监控	10	7	镉
2	南充市	西充县	蚕华山村	重点监控	3	1	镉
3	眉山市	仁寿县	文兴村	重点监控	5	2	镉
4	攀枝花市	米易县	双沟村	一般监控	4	4	镉、铜、镍铬
5	泸州市	泸县	齐心村	一般监控	3	1	镉、铜、镍
6	资阳市	雁江区	晏家坝村	一般监控	3	1	铜
7	阿坝州	马尔康市	俄尔雅村	一般监控	3	1	镉
8	阿坝州	松潘县	山巴村	一般监控	3	1	砷
9	阿坝州	壤塘县	依根门多村	一般监控	3	1	镉
10	甘孜州	道孚县	冻坡甲村	一般监控	3	2	砷
11	甘孜州	巴塘县	鱼卡通村	一般监控	2	2	砷
12	凉山州	布拖县	民主村	一般监控	3	3	镉、铜

（3）不同利用类型土壤环境质量状况。

2021年，村庄土壤监测点位土地利用类型以农田、园地、饮用水水源地周边及生活垃圾设施周边土壤为主，具体分布情况如图3.9-3所示。Ⅱ级监测点位主要分布在农田、园地、林地、饮用水水源地周边等，占该类型监测点位的比例分别为10.1%、6.8%、28.5%、11.6%。2021年四川省不同利用类型土壤中Ⅰ～Ⅱ级监测点位分布如图3.9-4所示。

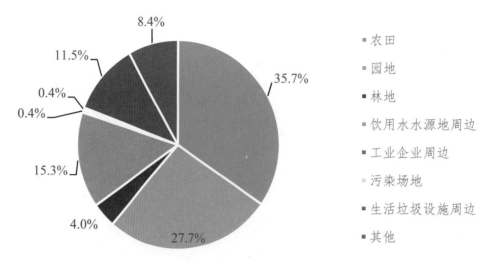

图3.9-3　2021年四川省村庄土壤监测点位土地利用类型分布

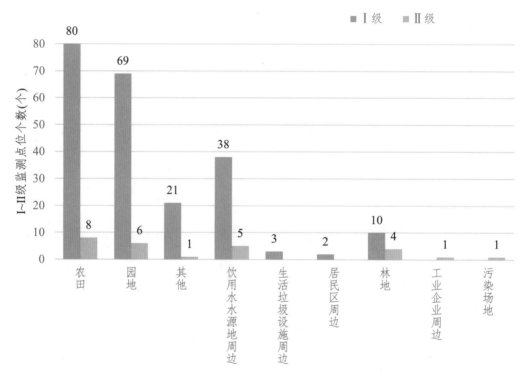

图3.9-4　2021年四川省不同利用类型土壤中Ⅰ～Ⅱ级监测点位分布

（4）特征污染物监测。

2021年资阳市晏家坝村和柳溪村的6个监测点位增测了六六六总量、滴滴涕总量、苯并[a]芘，监测结果均低于风险筛选值。

3. 县域地表水水质状况

（1）水质类别。

四川省县域地表水监测断面（点位）为209个，其中达到或优于Ⅲ类水质的断面为198个，达标率为94.7%。Ⅳ类、Ⅴ类、劣Ⅴ类水质断面比例分别为3.3%、1.5%、0.5%。2021年农村县域地表水水质类别比例如图3.9-5所示。超标断面分布在7个市的9个县（区），具体情况见表3.9-2。

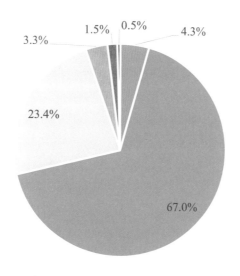

■Ⅰ类 ■Ⅱ类 ■Ⅲ类 ■Ⅳ类 ■Ⅴ类 ■劣Ⅴ类

图3.9-5 2021年农村县域地表水水质类别比例

表3.9-2 2021年农村县域地表水超标断面分布情况

序号	市（州）	县（市、区）	县域类型	超标断面	断面性质	水质类别	主要污染指标
1	成都市	龙泉驿区	其他型	西河天平	出境断面	Ⅳ	总磷
2	自贡市	贡井区	农村黑臭水体所在县	七一水库	湖库	Ⅳ	化学需氧量、总氮
3	自贡市	荣县	蔬菜大县、畜牧大县、农村黑臭水体所在县	于佳乡黄龙桥	入境断面	Ⅳ	化学需氧量
4	泸州市	江阳区	蔬菜大县、农村黑臭水体所在县	双河水库	湖库	Ⅳ	化学需氧量、高锰酸盐指数、总氮
5	泸州市	泸县	粮食大县、畜牧大县	天竺寺大桥	入境断面	Ⅳ	化学需氧量
6	内江市	隆昌市	农村黑臭水体所在县	白水滩（出境）	出境断面	Ⅳ	化学需氧量、高锰酸盐指数、五日生化需氧量
7	内江市	隆昌市	农村黑臭水体所在县	新堰口（入境）	入境断面	Ⅴ	溶解氧、化学需氧量
8	南充市	西充县	粮食大县	龙滩河（晏家断面）	出境断面	劣Ⅴ	五日生化需氧量、硒

序号	市（州）	县（市、区）	县域类型	超标断面	断面性质	水质类别	主要污染指标
9	广安市	武胜县	畜牧大县、农村黑臭水体所在县	五排水库	湖库	V	化学需氧量、总磷、总氮
10	眉山市	仁寿县	粮食大县、蔬菜大县、畜牧大县	球溪河（曹家段）	入境断面	V	总磷、粪大肠菌群
11	眉山市	仁寿县	粮食大县、蔬菜大县、畜牧大县	球溪河（发轮河口）	出境断面	IV	溶解氧、总磷

（2）主要污染指标。

县域地表水超标指标有化学需氧量、总磷、硒、挥发酚、生化需氧量、氨氮、高锰酸盐指数，溶解氧也有不达标现象。主要污染指标为化学需氧量、总磷、生化需氧量，断面超标率分别为2.9%、2.5%、1.3%，最大超标倍数分别为1.0、1.7、0.5。2021年农村县域地表水超标指标情况如图3.9-6所示。

单独评价指标：湖库总氮超标28次，超标比例为43.8%，最大超标倍数为4.0；粪大肠菌群超标7次，超标比例为3.7%，最大超标倍数为2.5。

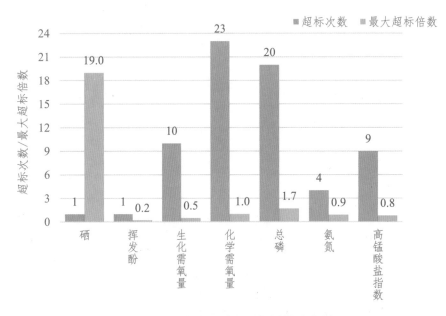

图3.9-6　2021年农村县域地表水超标指标情况

4. 农村千吨万人饮用水水源地水质

2021年，四川省农村千吨万人饮用水水源地431个监测断面（点位）中，所测项目全部达标的有411个，达标率为95.4%。

（1）地表水型水源地。

四川省农村千吨万人地表水型饮用水水源地378个监测断面（点位）中，所测项目全部达标的有362个，达标率为95.8%。超标断面（点位）主要以湖库为主，分布在8个市的9个县（区）。超标指标有总磷、高锰酸盐指数、五日生化需氧量、氨氮、铁。其中主要超标指标为总磷、高锰酸盐指数、五日生化需氧量，断面超标率分别为9.8%、4.6%、4.3%，最大超标倍数分别为3.2、0.2、0.3。

单独评价指标：粪大肠菌群超标25次，超标比例为6.6%，最大超标倍数为2.5；湖库总氮超标81

次，超标比例为48.2%，最大超标倍数为9.4。

2021年农村千吨万人地表水型饮用水水源地超标指标情况如图3.9-7所示，超标断面分布情况见表3.9-3。

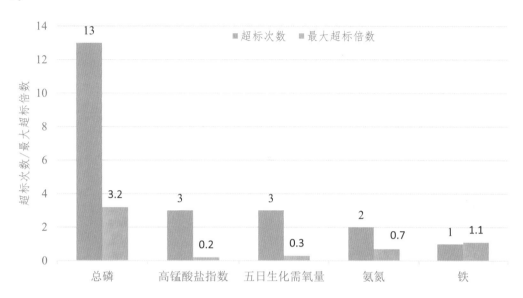

图3.9-7 2021年农村千吨万人地表水型饮用水水源地超标指标情况

表3.9-3 2021年农村千吨万人地表水型饮用水水源地超标断面分布情况

序号	市（州）	县（市、区）	超标断面	是否湖库	主要污染指标
1	攀枝花市	盐边县	高堰沟水库	是	高锰酸盐指数、五日生化需氧量、总磷
2	德阳市	中江县	元兴水厂水源地	是	总磷
3	广元市	剑阁县	炭口河凤凰堰	否	高锰酸盐指数
4	广元市	剑阁县	战备水库	是	氨氮
5	广元市	剑阁县	亭坝水库	是	总磷
6	广元市	剑阁县	二教水库	是	总磷
7	广元市	剑阁县	平桥水库	是	氨氮、总磷
8	南充市	高坪区	响水滩水库取水口	是	总磷
9	南充市	仪陇县	友谊水库	是	总磷
10	宜宾市	叙州区	铁牛村红石组	否	铁
11	达州市	大竹县	平桥水库	是	总磷
12	眉山市	东坡区	两河口水库水源地	是	高锰酸盐指数、五日生化需氧量、总磷
13	眉山市	东坡区	黄连埝水库水源地	是	总磷
14	眉山市	东坡区	工农水库水源地	是	总磷
15	眉山市	东坡区	牡牛坡水库水源地	是	总磷
16	资阳市	雁江区	四合水库	是	总磷、五日生化需氧量

（2）地下水型水源地。

四川省农村千吨万人地下水型饮用水水源地53个监测点位中，所测项目全部达标的有49个，达标率为92.5%，超标水源地分布在3个市的4个区。超标指标有总硬度、溶解性固体、氨氮、锰、铁、总大肠菌群、菌落总数。主要超标指标是锰、总硬度、菌落总数，断面超标率分别为12%、8%、4.1%，最大超标倍数分别为5.9、0.6、1.8。2021年农村千吨万人地下水型饮用水水源地超标指标情况如图3.9-8所示，超标断面分布情况见表3.9-4。

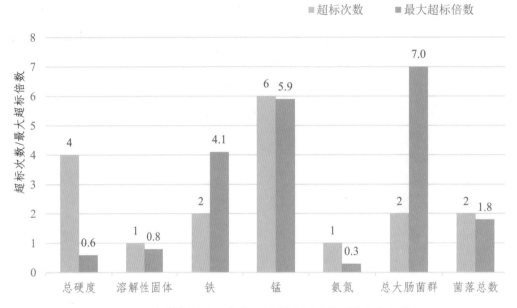

图3.9-8　2021年农村千吨万人地下水型饮用水水源地超标指标情况

表3.9-4　2021年农村千吨万人地下水型饮用水水源地超标断面分布情况

序号	市（州）	县（区）	点位名称	主要污染指标
1	广元市	利州区	张坝社区4组	总大肠菌群、菌落总数
2	广元市	利州区	三堆镇宝珠村	总大肠菌群、菌落总数
3	遂宁市	船山区	老池镇金盆水源地	总硬度、铁、溶解性固体、锰、氨氮
4	宜宾市	叙州区	泥溪镇嘉定社区大中坝	铁、锰

5. 农村生活污水处理设施出水水质

2021年四川省实际开展监测的1390家日处理能力20吨及以上的农村生活污水处理设施中，有1023家全年达标，达标率为73.6%。共有367家出现超标情况，上半年超标271家，下半年超标197家，两次监测均超标的有101家。超标设施分布在成都、自贡、攀枝花、泸州、德阳、绵阳、广元、遂宁、乐山、南充、广安、达州、雅安、眉山、资阳和凉山等16个市（州）。

所有监测项目均出现超标现象，其中主要污染指标化学需氧量超标率为9.4%，涉及131家；氨氮超标率为19.4%，涉及265家；总磷超标率为16.0%，涉及143家；总氮超标率为20.0%，涉及82家。2021年四川省农村生活污水处理设施监测情况见表3.9-5。

表3.9-5 2021年四川省农村生活污水处理设施监测情况

单位：个

市（州）	涉及县（市、区）数量		涉及村庄数量		处理设施数量		监测数量		超标数量	
	应该监测	实际监测	应该监测	实际监测	应该监测	实际监测	上半年	下半年	上半年	下半年
成都	17	17	311	298	425	393	343	365	107	92
自贡	6	6	91	82	96	86	74	84	4	10
攀枝花	3	3	44	36	48	40	34	39	9	13
泸州	3	3	36	36	36	36	36	36	—	1
德阳	4	4	9	9	10	10	7	10		2
绵阳	7	7	17	17	17	17	16	16	8	—
广元	4	3	17	9	17	9	7	6	3	3
遂宁	5	5	42	39	43	40	37	35	9	3
内江	3	3	6	6	6	6	6	6	—	—
乐山	10	10	85	84	86	85	51	81	15	5
南充	9	9	39	38	39	38	36	38	9	6
宜宾	10	10	55	45	56	46	37	46	—	—
广安	6	6	140	139	141	140	140	139	2	—
达州	8	8	180	101	184	101	76	91	22	9
巴中	5	5	42	42	42	42	41	42	—	—
雅安	8	8	100	86	119	103	82	101	12	17
眉山	6	6	36	36	36	36	36	34	4	—
资阳	3	3	120	118	139	137	107	137	66	36
甘孜州	4	2	20	9	21	10	3	10	—	—
凉山州	5	5	18	14	20	15	8	13	1	—
全省	126	123	1408	1244	1581	1390	1177	1329	271	197

6. 农田灌溉水水质

2021年四川省24个灌溉规模10万亩以上灌区开展灌溉水质监测，达标率为92.6%，同比下降3.7个百分点。资中县黄板桥水库灌区、泸县三溪口水库上半年pH超标，西昌市西礼灌区粪大肠菌群超标，其余各灌区监测结果均达到标准要求。

7. 县域农村环境状况指数

2021年，四川省开展监测的99个县农村环境状况指数（I_{env}）范围为72.8～100，环境状况分级达到"良"及以上的县98个，所占比例为99.0%。分级为"优"的县71个，占71.7%；分级为"良"的县27个，占27.3%；分级为"一般"的县1个，占1.0%；无"较差"和"差"的县。2021年四川省县域农村环境状况分级情况如图3.9-9所示。

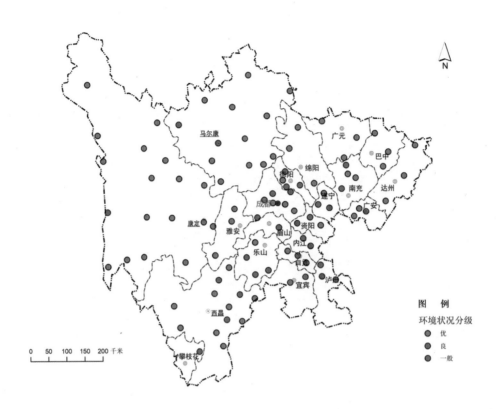

图3.9-9 2021年四川省县域农村环境状况分级情况

二、农村面源污染状况

1. 监测断面内梅罗指数评价

2021年，四川省共有52个地表水断面开展农村面源污染监测，各断面内梅罗指数范围为0.6~5.2。水质等级为"清洁"的断面有13个，占比为25.0%；水质等级为"轻度污染"的断面有24个，占比为46.2%；水质等级为"污染"的断面有11个，占比为21.2%；水质等级为"重度污染"的断面有3个，占比为5.8%；水质等级为"严重污染"的断面有1个，占比为1.9%。2021年四川省农村面源污染监测断面水质分级如图3.9-10所示。

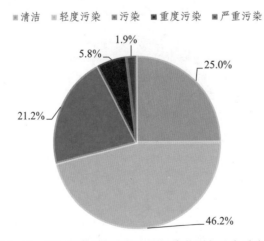

图3.9-10 2021年四川省农村面源污染监测断面水质分级

开展农村面源污染监测的52个断面中，种植业污染控制断面16个，占比为30.8%；养殖业污染控制断面12个，占比为23.1%；农村生活污染控制断面24个，占比为46.2%。种植业及养殖业污染控制断面中"清洁"断面较少，出现"重度污染"或"严重污染"断面；农村生活污染控制断面中"清洁"断面相对较多，无"重度污染"和"严重污染"断面。2021年各类型农村面源污染监测断面水质分级情况如图3.9-11所示。

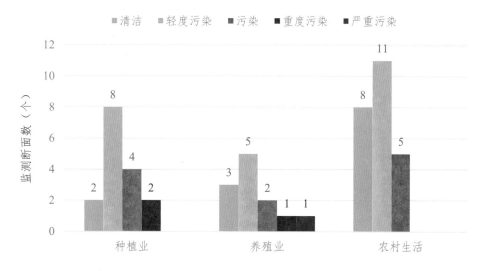

图3.9-11 2021年各类型农村面源污染监测断面水质分级情况

2. 县域内梅罗综合指数评价

2021年开展农村面源污染监测的52个断面分布在29个县（市、区），各县域内梅罗综合指数范围为0.6~3.9。水质等级为"清洁"的县域有8个，占比为27.6%；水质等级为"轻度污染"的县域有12个，占比为41.4%；水质等级为"污染"的县域有7个，占比为24.1%；水质等级为"重度污染"的县域有2个，占比为6.9%；无"严重污染"县域。2021年农村面源污染县域内梅罗综合指数分级如图3.9-12所示。

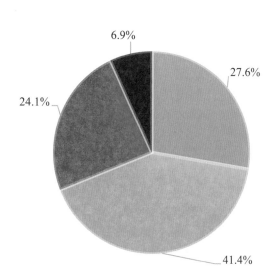

图3.9-12 2021年农村面源污染县域内梅罗综合指数分级

三、变化趋势分析

1. 环境空气质量

（1）年内变化趋势。

受冬季颗粒物污染影响，2021年四川省村庄环境空气质量一季度优良天数比例最低，仅为84.3%，其余三个季度均在95%以上，如图3.9-13所示。

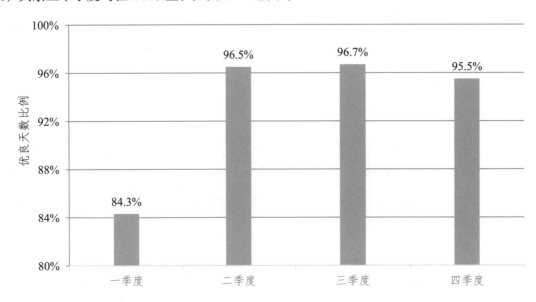

图3.9-13　2021年四川省村庄环境空气一～四季度优良天数比例

（2）年度变化趋势。

2021年四川省村庄环境空气质量总体达标天数同比下降4.9个百分点，优和良的天数比例分别下降了4.0和0.9个百分点。轻度污染、中度污染的天数比例分别增加了4.1和0.6个百分点，并出现了重度污染和严重污染天气。

2. 土壤质量状况

2021年村庄土壤环境质量Ⅰ级监测点位同比上升了0.2个百分点，Ⅱ级监测点位同比上升了0.6个百分点，未出现Ⅲ级监测点位。

3. 县域地表水水质

（1）年内变化趋势。

2021年县域地表水水质一季度达标比例最高，为99.0%；二季度开始下降；三季度水质达标比例最低，仅为91.8%；四季度有所回升。2021年一～四季度农村县域地表水水质类别比例情况如图3.9-14所示。

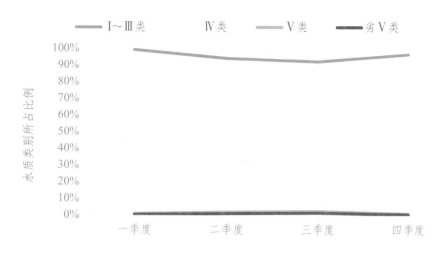

图3.9-14　2021年一～四季度农村县域地表水水质类别比例情况

（2）年度变化趋势。

2021年县域地表水达标率同比下降了2.2个百分点，Ⅳ类水质下降了0.2个百分点，出现了Ⅴ类、劣Ⅴ类水质，占比1.0%。超标频次最多的仍然是化学需氧量，总磷的超标断面比例有所上升，超标指标新增了硒和挥发酚。

4. 农村千吨万人饮用水水源地水质

与2020年相比，农村千吨万人地表水型饮用水水源地达标率上升了6.3个百分点，地下水型饮用水水源地达标率下降了2.6个百分点。

2021年地下水型饮用水水源地超标指标新增了氨氮、溶解性总固体，总大肠菌群、菌落总数、铁、锰、总硬度超标点位比例同比有不同程度的下降。

5. 农田灌溉水水质

2021年达标灌区所占比例同比下降3.7个百分点。凉山州西昌市西礼灌区主要超标原因是一段时间雨水较多，河流水量暴涨引发山洪，冲刷地表大量污染物进入河流，导致河流粪大肠菌群数量激增。

四、小结

（1）2021年四川省县域农村环境状况指数以"优"和"良"为主，农村环境质量总体保持稳定。

2021年，99个村庄环境空气总体优良天数比例为94.5%，受细颗粒物及臭氧等污染影响同比有所下降；土壤监测点位以Ⅰ级为主，占比为89.6%，无Ⅲ级监测点位；县域地表水监测断面达标率为94.7%，同比有所下降；农村千吨万人饮用水水源地总体达标率为95.4%；灌溉规模10万亩以上灌区灌溉水水质达标率为92.6%，日处理能力20吨及以上的农村生活污水处理设施出水水质达标率为73.6%。农村环境状况指数分级"优"及"良"占比达到99.0%。

（2）农村面源污染情况不容乐观。

农村面源污染按监测断面内梅罗指数及县域内梅罗综合指数进行了评价。52个监测断面以"轻度污染"等级为主，占46.2%，"污染""重度污染""严重污染"占比为28.8%；29个县域中"轻度污染"占41.4%，"污染""重度污染"占比为31.0%。种植业及养殖业对农村面源污染影响较大。受面源污染的一定影响，县域地表水监测断面达标率在雨季有所下降，农村面源污染情况不容乐观。

第十章　土壤环境质量

一、国家网基础点土壤环境质量状况

1. 总体质量状况

2021年，在南充和达州开展了国家网基础点土壤环境质量监测。南充所有基础点土壤环境质量综合评价结果均低于筛选值。达州基础点中低于筛选值的点位占92.2%，介于筛选值和管制值之间的点位占7.8%。2021年达州国家网基础点土壤环境质量综合评价结果如图3.10-1所示。

■含量≤筛选值　■筛选值＜含量≤管制值

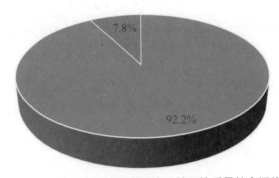

图3.10-1　2021年达州国家网基础点土壤环境质量综合评价结果

2. 监测项目评价

基础点11个监测项目评价结果显示，达州土壤生态环境可能存在风险的污染物项目为镉和有机指标。共有4个点位镉监测结果超过风险筛选值的0.03～0.20倍，均小于管制值。1个点位六六六总量和滴滴涕总量超过风险筛选值，分别超出1.8倍和0.5倍。汞、砷、铅、铬、铜、锌、镍、苯并[a]芘的评价结果均低于筛选值。2021年达州国家网基础点土壤环境质量监测项目评价结果如图3.10-2所示。

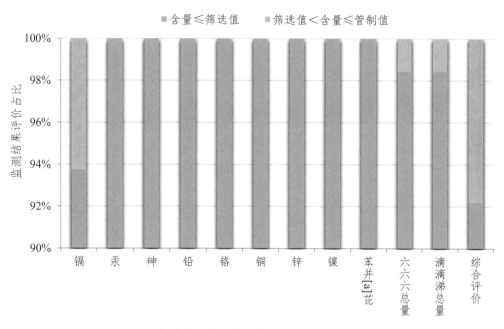

图3.10-2　2021年达州国家网基础点土壤环境质量监测项目评价结果

3. 空间分布状况

综合评价结果显示南充100%点位低于风险筛选值；达州5个点位介于筛选值和管制值之间，占达州点位比例的7.8%，分布在大竹县、达川区和开江县，其余点位均低于风险筛选值。2021年南充和达州16个县（市、区）土壤综合评价结果占比如图3.10-3所示，2021年南充和达州土壤综合评价结果空间分布如图3.10-4所示。

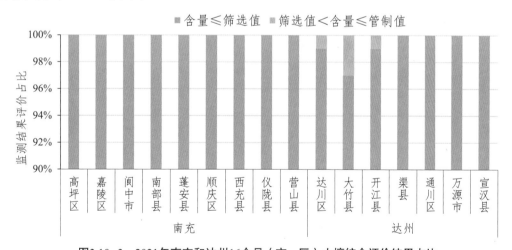

图3.10-3　2021年南充和达州16个县（市、区）土壤综合评价结果占比

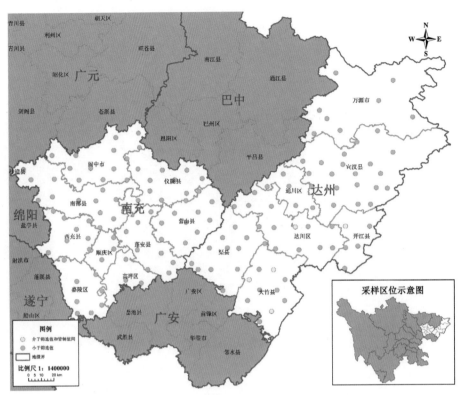

图3.10-4　2021年南充和达州土壤综合评价结果空间分布

二、国家网风险源周边土壤环境质量状况

1. 质量状况

2021年，在成都、泸州、内江等13个市（州）的49家企业（或者企业集聚区）周边布设95个重点风险点和202个一般风险点，开展土壤环境质量监测。综合评价结果显示71.5%的点位超过风险筛选值，其中5.8%的点位超过风险管制值。按项目进行评价，污染最严重的是重金属镉，62.8%的点位超过风险筛选值，其中4.0%的点位超过风险管制值；其次是铜、铬和镍，分别有20.2%、14.5%和13.0%的点位超过风险筛选值，其中铬有0.4%的点位超过风险管制值；其他金属项目汞、铅、锌、砷和有机指标污染较轻，超过风险筛选值的点位占比为0.4%～6.5%。

49家企业（或者企业集聚区）中有37家企业周边土壤存在不同程度的金属污染。23家企业周边100%的点位超过风险筛选值，占比46.9%；14家企业周边33.3%～83.3%的点位超过风险筛选值。35家企业周边土壤金属污染以镉为主，其中13家企业仅存在镉污染，其他22家企业周边土壤不仅存在镉污染，还存在铜、铅、锌、铬、镍和砷等多种金属复合污染。

2. 行业分布状况

49家企业包含有色金属矿采选业、有色金属冶炼和压延加工业、黑色金属矿采选业、黑色金属冶炼和压延加工业、化学原料和化学制品制造业、金属制造业、铅锌矿采选业等8个行业。黑色金属矿采选业、有色金属矿采选业和铅锌矿采选业企业周边点位超标率为100%；黑色金属冶炼和压延加工业、化学原料和化学制品制造业、有色金属冶炼和压延加工业超标率分别为84.6%、80%和60%；金属制造业均不超标。

点位综合评价超过管制值的6家企业中，化学原料和化学制品制造业企业3家，铅锌矿采选业、有色金属矿采选业、有色金属冶炼和压延加工业企业各1家。

三、省网风险源周边土壤环境质量状况

1. 质量状况

2021年，在21个市（州）布设181个点位开展省网风险源周边土壤环境质量监测。综合评价结果显示67.3%的点位超过风险筛选值，其中15.8%的点位超过风险管制值。按项目进行评价，污染最严重的是镉，61.2%的点位超过风险筛选值，其中15.8%的点位超过风险管制值；其次是锌，23.0%的点位超过风险筛选值；其他金属项目和有机指标污染较轻，超过风险筛选值的比例为0.65%～9.1%。

风险点分布于45家污染企业周边，其中有32家企业周边土壤存在不同程度的金属污染。18家企业周边100%的点位超过风险筛选值，占比40%；14家企业周边25%～80%的点位超过风险筛选值。主要污染物为镉的企业有15家，占比35.7%；3种以上污染物超标的企业有10家，污染物主要为镉、锌、铅；没有重金属超标的企业有10家。

2. 行业分布状况

45家省网土壤风险监控企业涉及14种行业类型，其中黑色金属冶炼和压延加工业、化学原料和化学制品制造业、有色金属冶炼和压延加工业、有色金属矿采选业是主要行业。

点位综合评价超过管制值的9个企业中，黑色金属冶炼和压延加工业有2家，化学原料和化学制品制造业有1家，有色金属冶炼和压延加工业有3家，有色金属矿采选业有2家，黑色金属矿采选业有1家。

四、风险源周边土壤环境质量空间分布状况

2021年，四川省21个市（州）共布设478个点位开展风险源周边土壤环境质量监测。各市（州）点位综合评价结果超过风险筛选值的占比范围为0～100%；广元、遂宁、南充、资阳4个市所有土壤监测点位均未超过风险筛选值；雅安、巴中、宜宾等12个市（州）监测点位超过风险筛选值的比例为50%以上，其中雅安、巴中所有点位均超过风险筛选值。雅安、凉山等7个市（州）有监测点位超过风险管制值，占比范围为1%～83%，雅安占比最高。四川省土壤风险点位综合评价结果空间分布如图3.10-5所示，各市（州）土壤风险点位综合评价占比如图3.10-6所示。

图3.10-5 四川省土壤风险点位综合评价结果空间分布

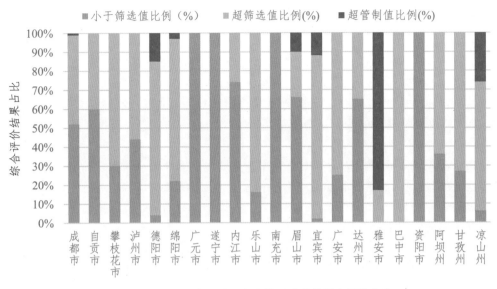

图3.10-6　各市（州）土壤风险点位综合评价占比

五、小结

（1）2021年在达州和南充开展了国家网基础点监测，两市农用地土壤生态环境风险低。

南充所有基础点土壤环境质量综合评价结果均低于风险筛选值，达州低于风险筛选值的点位占92.2%，介于筛选值和管制值之间的点位占7.8%。两市总体土壤生态环境风险低，质量状况较好。

（2）风险源周边的农用地土壤污染较严重，呈现出以镉为主要污染物，同时存在其他金属污染物的复合型污染特征。

风险源周边监控点位综合评价结果显示69.9%的点位超过风险筛选值，其中9.5%的点位超过风险管制值。污染最严重的项目是重金属镉，62.2%的点位超过风险筛选值，其中8.4%的点位超过风险管制值；其次是铜、铬、镍和锌；其他金属指标和有机指标污染较轻。

超标点位主要分布在黑色金属矿采选业、有色金属矿采选业、铅锌矿采选业、黑色金属冶炼和压延加工业、化学原料和化学制品制造业、有色金属冶炼和压延加工业等行业企业周边，主要位于乐山、成都、绵阳、德阳和凉山等5个市（州）。

第十一章 辐射环境质量

一、电离辐射环境监测结果

1.环境γ辐射剂量率

（1）γ辐射空气吸收剂量率（自动站）。

2021年，四川省42个辐射环境自动监测站连续测得的环境γ辐射空气吸收剂量率月均值范围为57.2～151.8纳戈瑞/小时，处于本底涨落范围内。

（2）γ辐射累积剂量。

2021年，四川省24个陆地监测点位的环境γ辐射累积剂量测值范围为70～132纳戈瑞/小时，处于本底涨落范围内。

（3）γ辐射空气吸收剂量率（瞬时）。

2021年，四川省21个监测点位的环境γ辐射空气吸收剂量率（瞬时）年均值范围为34.6～136.0纳戈瑞/小时，处于本底涨落范围内。

2.大气中的放射性水平

（1）气溶胶。

2021年，乐山市环境监测站、峨眉山市环境监测站监测的总α（活度浓度为0.01～0.12毫贝可/立方米）、总β（活度浓度为0.49～3.0毫贝可/立方米）处于本底涨落范围内。成都熊猫基地气溶胶中测得的放射性核素铅-210（活度浓度为0.82～4.3毫贝可/立方米）、钋-210（活度浓度为0.21～0.81毫贝可/立方米）处于本底涨落范围内。气溶胶中其他天然放射性核素铍-7、钾-40、钍-234、镭-228、铋-214活度浓度均处于本底涨落范围内，人工放射性核素锶-90、铯-137、铯-134、碘-131活度浓度未见异常。

（2）沉降物。

2021年，成都市花土路三季度沉降物中天然放射性核素铋-214［日沉降量为53毫贝可/（平方米·天）］、铍-7［日沉降量为9.6贝可/（平方米·天）］、镭-228［日沉降量为51毫贝可/（平方米·天）］、钾-40［日沉降量为818毫贝可/（平方米·天）］，监测结果较历史数据有所增高；人工放射性核素碘-131、铯-134、铯-137均低于探测下限。该点位其他时段监测结果未见异常。经调查，三季度天然放射性核素监测结果增高，可能与采样时段周边施工活动及气象条件有关。

其他23个辐射环境自动监测站沉降物样品监测，在检出的天然放射性核素中，钍-234［日沉降量为9.9～22毫贝可/（平方米·天）］、铍-7［日沉降量为0.005～4.3贝可/（平方米·天）］、铋-214［日沉降量为1.3～15毫贝可/（平方米·天）］、钾-40［日沉降量为7.6～196毫贝可/（平方米·天）］、镭-228［日沉降量为1.1～9.4毫贝可/（平方米·天）］的日沉降量均处于本底涨落范围内；人工放射性核素锶-90［日沉降量为0.54～3.0毫贝可/（平方米·天）］未见异常，其他人工放射性核素碘-131、铯-134、铯-137均低于探测下限。

（3）空气中氚。

2021年，四川省空气中氚化水活度浓度为23～32毫贝可/立方米，降水氚活度浓度为1.8～1.9贝可/升，均处于本底涨落范围内。

（4）空气中氡。

2021年，成都市花土路、彭州九尺镇监测点空气中氡活度浓度为16～28贝可/立方米，处于本底涨落范围内。

（5）空气中碘。

2021年，四川省辐射环境站自动站监测的气态碘-131活度浓度均低于探测下限，探测下限为0.027～0.37毫贝可/立方米。

3. 水体中的放射性水平

（1）地表水。

2021年四川省境内长江水系主要干、支流江河水中，总α（活度浓度为0.006～0.18贝可/升）、总β（活度浓度为0.019～0.18贝可/升）均低于《生活饮用水卫生标准》（GB 5749—2006）规定的指导值；天然放射性核素总铀（浓度为0.20～3.6微克/升）、钍（浓度为0.20～0.27微克/升）、镭-226（活度浓度为2.4～16毫贝可/升）处于本底涨落范围内；人工放射性核素锶-90（活度浓度为1.1～2.1毫贝可/升）、铯-137（活度浓度为0.19～0.57毫贝可/升）未见异常。其中，天然放射性核素铀和钍浓度、镭-226活度浓度与1983—1990年全国环境天然放射性水平调查结果处于同一水平。

（2）地下水。

2021年，四川省地下水中总α（活度浓度为0.033贝可/升）、总β（活度浓度为0.12贝可/升）均低于《生活饮用水卫生标准》（GB 5749—2006）规定的指导值；天然放射性核素铀（浓度为0.95微克/升）、钍（浓度为0.05微克/升）、镭-226（活度浓度为9.7毫贝可/升）处于本底涨落范围内。

（3）饮用水水源地水。

2021年，四川省42个饮用水水源地水监测点位中，总α（活度浓度为0.005～0.068贝可/升）、总β（活度浓度为0.025～0.11贝可/升）均低于《生活饮用水卫生标准》（GB 5749—2006）规定的指导值。5个重点城市饮用水水源地水中，天然放射核素铀（浓度为0.52～1.7微克/升）、钍（浓度为0.070～0.15微克/升）、镭-226（活度浓度为7.4～1毫贝可/升）均处于本底涨落范围内；人工放射性核素锶-90（活度浓度为1.0～2.1毫贝可/升）、铯-137（活度浓度为0.26～0.40毫贝可/升）未见异常。

4. 土壤

2021年，四川省21个市（州）土壤中天然放射性核素铀-238［活度浓度为17～58贝可/（千克·干）］、钍-232［活度浓度为28～76贝可/（千克·干）］、镭-226［活度浓度为18～58贝可/（千克·干）］、钾-40［活度浓度为305～831贝可/（千克·干）］处于本底涨落范围内；人工放射性核素铯-137［活度浓度为LLD～15贝可/（千克·干）］未见异常。其中，天然放射性核素铀-238、钍-232、镭-226和钾-40活度浓度与1983—1990年全国环境天然放射性水平调查结果处于同一水平。

二、电磁辐射环境监测结果

2021年，四川省18个电磁辐射环境自动站所监控的变电站工频电、磁场，移动通信基站综合场强年均值均满足《电磁环境控制限值》（GB 8702—2014）中规定的相应频率范围公众照射导出限值规定。

天府广场监测点工频电场为1.727伏/米，工频磁场为0.0526微特斯拉；天府广场、通美大厦等6个环境电磁监测点位测得的综合场强为0.94～3.97伏/米，均低于《电磁环境控制限值》（GB 8702—2014）。

三、小结

2021年四川省电离辐射环境质量总体良好，电磁辐射环境水平低于《电磁环境控制限值》（GB 8702—2014）规定的公众暴露控制限值。

2021

第四篇

专 题

第一章　大气复合污染自动监测数据综合分析及应用

为深入打好污染防治攻坚战，强化多污染物协同控制和区域协同治理，基本消除重污染天气，四川省持续推动大气环境监测从质量浓度监测向机理成因监测深化，针对细颗粒物（$PM_{2.5}$）和光化学组分监测数据开展综合分析和运用。2021年，21个城市全面开展非甲烷总烃自动监测，成都、自贡、泸州3市开展细颗粒物（$PM_{2.5}$）和光化学组分自动监测，绵阳、乐山2市开展细颗粒物（$PM_{2.5}$）组分自动监测，德阳市开展光化学组分自动监测，为不同尺度大气污染成因分析、重污染过程诊断、污染防治及政策措施成效评估提供科学支持，为明确污染来源、开展精细化管控提供强有力的数据支撑。

一、冬季重污染成因评估分析

利用大气复合污染自动监测数据，开展冬季重污染成因分析及效果评估，主要从重污染期间空气质量概况、污染期间气象条件、污染特征、重污染应急效果评估四个方面开展相应分析。2021年12月1—6日，受不利气象条件与污染源排放叠加影响，四川省出现了一次污染过程，污染范围广、程度强，是入冬以来最严重的，盆地内16个市（州）共出现49个污染天，其中重度污染4天，中度污染9天，轻度污染36天。污染程度以轻度至中度为主，污染影响区域覆盖盆地内成都平原、川南及川东北大部分地区。污染过程中四川省细颗粒物（$PM_{2.5}$）和可吸入颗粒物（PM_{10}）平均浓度分别为80.6微克/立方米和113.2微克/立方米，分别高出冬季常态浓度的1.0倍和0.67倍。污染过程中空气质量情况如图4.1-1所示。

1. 气象条件及污染过程模拟分析

盆地气温持续升高、夜间逆温较重等静稳不利气象条件是污染的重要外因。遥感监测污染期间盆地二氧化氮（NO_2）排放高值区主要分布在成都、德阳、绵阳沿线和川南内江、自贡附近。盆地卫星遥感监测二氧化氮（NO_2）浓度分布情况如图4.1-2所示。

城市	2021					
	12月1日	12月2日	12月3日	12月4日	12月5日	12月6日
成都	66	82	115	142	160	208
德阳	69	83	108	129	185	204
绵阳	69	73	82	100	156	134
遂宁	69	78	85	93	105	135
乐山	74	79	84	99	117	147
眉山	77	94	103	125	149	204
雅安	57	62	73	102	102	115
资阳	64	69	84	89	102	137
自贡	77	97	132	149	169	166
泸州	64	89	98	153	175	202
内江	66	75	118	113	129	132
宜宾	62	79	97	124	156	182
广元	60	55	59	67	68	87
南充	67	72	88	108	133	122
广安	64	79	88	108	119	123
达州	64	84	103	113	129	127
巴中	64	66	74	80	103	103
攀枝花	54	69	53	63	77	79
凉山	47	63	59	94	88	64
阿坝	28	34	36	30	32	35
甘孜	35	35	37	44	30	30

图4.1-1　空气质量日历

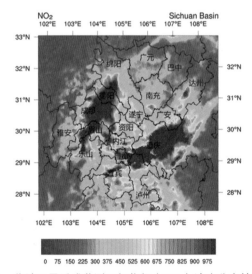

图4.1-2　盆地卫星遥感监测二氧化氮（NO_2）浓度分布情况

2. 污染特征分析

根据成都、自贡细颗粒物（$PM_{2.5}$）组分监测结果来看，污染期间硝酸盐、硫酸盐、铵盐三者之和在细颗粒物（PM_{2.5}）中的占比约为60%，其中硝酸盐占比最大，成都、自贡分别为36.7%、25.7%。此外，成都、自贡有机物占比也较高，污染期间分别为28.9%、25.2%，仅次于硝酸盐。

污染期间，成都、自贡氮氧化物（NO_x）转化形成的硝酸盐浓度最高、增长最快，较清洁时段分别升高3倍、2.5倍，其占细颗粒物比例较清洁时段分别升高11个百分点、4.4个百分点，说明氮氧化物（NO_x）二次转化形成的硝酸盐快速增长是本次污染的重要成因。污染过程中成都和自贡环境空气组分浓度及占比如图4.1-3所示。此外，自贡二氧化硫（SO₂）转化形成的硫酸盐占细颗粒物比例也较清洁时段升高了3.3个百分点，说明自贡燃煤等工业源贡献有所增加。污染过程中成都环境空气组分及污染物变化情况如图4.1-4所示。

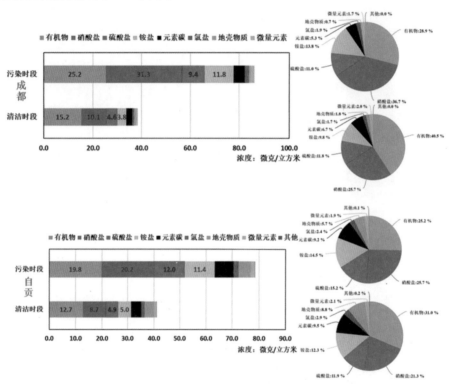

图4.1-3 污染过程中成都和自贡环境空气组分浓度及占比

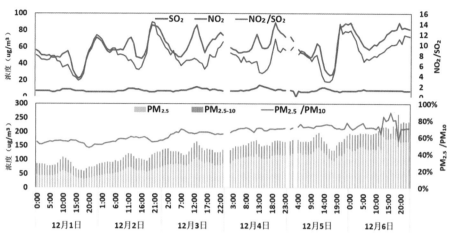

图4.1-4　污染过程中成都环境空气组分及污染物变化情况

3.重污染应急处置效果评估

在四川省重污染天气应急指挥领导小组指导下，各地积极应对重污染天气，按照应急预案要求，及时加强管控，启动预警，落实差异化减排措施，起到削峰降速作用。四川省生态环境监测总站每日加密会商研判，及时跟踪掌握空气质量变化趋势，根据数值模拟评估重污染应急响应减排效果，见表4.1-1。此次重污染天气预警应急成效显著，各市实测细颗粒物（PM$_{2.5}$）浓度较预测预报下降6.4%～8.8%，连片污染形成整体推迟2天，实际出现污染天数减少12天，其中重度、中度污染分别减少2天、6天。

表4.1-1　重污染应急响应减排效果评估结果

城市	2021/12/2		2021/12/3		2021/12/4		2021/12/5		2021/12/6	
	按无应急减排估算的PM$_{2.5}$浓度（微克/立方米）	观测浓度（微克/立方米，即减排情况下的PM$_{2.5}$浓度）	按无应急减排估算的PM$_{2.5}$浓度（微克/立方米）	观测浓度（微克/立方米，即减排情况下的PM$_{2.5}$浓度）	按无应急减排估算的PM$_{2.5}$浓度（微克/立方米）	观测浓度（微克/立方米，即减排情况下的PM$_{2.5}$浓度）	按无应急减排估算的PM$_{2.5}$浓度（微克/立方米）	观测浓度（微克/立方米，即减排情况下的PM$_{2.5}$浓度）	按无应急减排估算的PM$_{2.5}$浓度（微克/立方米）	观测浓度（微克/立方米，即减排情况下的PM$_{2.5}$浓度）
成都							132	122	171	158
德阳			86	81	116	98	150	139	173	154
绵阳									116	102
遂宁					76	69	84	79	109	103
乐山			66	62	79	74	94	88	120	112
眉山					102	95	122	114	164	154
资阳							80	76	109	104
自贡	77	72	107	100	122	114	143	128	151	126
泸州					125	117	142	132	169	152
内江					90	85	105	98	107	100
宜宾			77	72	100	94	133	119	153	137
南充							108	101	98	92
广安			69	65	85	81	96	90	98	93
达州					90	85	116	98	106	96
巴中							83	77	82	77
等级变化	轻度污染减少1天		轻度污染减少1天		重度污染减少2天，轻度污染减少2天		中度污染减少2天		重度污染减少2天，中度污染减少2天	
浓度变化	预警城市浓度平均下降6.5%		预警城市浓度平均下降6.4%		预警城市浓度平均下降7.4%		预警城市浓度平均下降7.9%		预警城市浓度平均下降8.8%	
预警过程汇总	盆地启动区域预警后，预警城市实测细颗粒物（PM$_{2.5}$）浓度较预测预报下降6.4%～8.8%，预警城市实际出现污染天数减少了12天，其中重度、中度、轻度污染分别减少2天、6天、4天									

二、非甲烷总烃浓度分布特征分析

2021年，四川省臭氧（O_3）浓度同比下降6.6%，近五年首次出现下降，但是仍然出现了6次11天臭氧区域污染。挥发性有机物（VOCs）是臭氧（O_3）生成的重要前体物之一。为有效防治臭氧（O_3）污染，以2021年7月四川省非甲烷总烃监测情况为例，分析四川省非甲烷总烃浓度分布特征。

1. 空间分布情况

2021年7月，四川省非甲烷总烃的月平均浓度为462.5纳摩尔/摩尔，环比下降0.1%。四川省21个市（州）城市月均值浓度为199.0~892.1纳摩尔/摩尔。

2. 区域浓度水平

2021年7月，区域非甲烷总烃平均浓度从高到低依次为川南经济区、成都平原经济区、攀西经济区、川东北经济区和川西北生态示范区，浓度分别为726.9纳摩尔/摩尔、448.1纳摩尔/摩尔、378.1纳摩尔/摩尔、375.6纳摩尔/摩尔和286.2纳摩尔/摩尔，其中川南经济区非甲烷总烃浓度较全省平均浓度偏高57.2%。2021年7月区域非甲烷总烃浓度水平如图4.1-5所示。

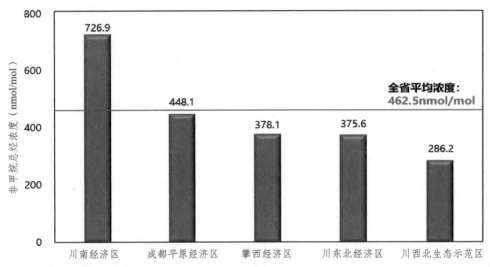

图4.1-5　2021年7月区域非甲烷总烃浓度水平

3. 城市浓度水平

由各市（州）7月月均浓度来看，排名前三的市（州）为宜宾、内江和自贡，浓度分别为892.1纳摩尔/摩尔、851.6纳摩尔/摩尔、701.5纳摩尔/摩尔，分别较全省平均浓度偏高92.9%、84.1%、51.7%。成都非甲烷总烃浓度为475.8纳摩尔/摩尔，排名位于全省第8位，高于全省平均浓度2.9%。2021年7月21个市（州）非甲烷总烃月均浓度排序如图4.1-6所示。

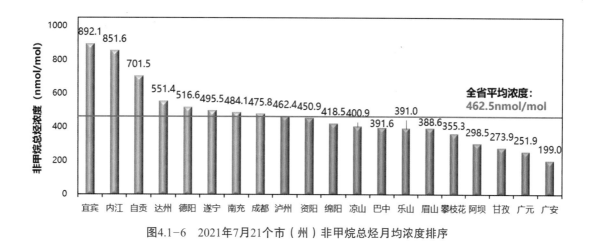

图4.1-6 2021年7月21个市（州）非甲烷总烃月均浓度排序

第二章　涪江流域"十四五"新增国控断面达标预警预测研究

"十三五"末涪江流域实现了国考断面水体优良比例100%。"十四五"新增国考断面后，涪江流域部分支流断面水质不能达到优良，主要体现在：一是部分农村小支流受污染常年超标，如西眉河、沈水河、芝溪河等；二是部分断面不能稳定达Ⅲ类，主要体现在枯水期与丰水期的水环境容量差异较大；三是非点源污染显著，尤其对氮、磷在底泥沉积物、河流水体、产流土壤赋存形式、组分等时空分布特征的认知不足。基于涪江流域水环境大数据融合背景下的水质预报预警系统升级改造，根据现有"十三五"国考断面气象、水文、水质预报预警能力，拓展新增"十四五"国考断面水质达标预报预警功能开发，开展新增断面水质达标预测预警评估研究，对"十四五"涪江流域水环境治理和全面达标具有良好的支撑。

一、基于GIS的水质预测多源数据库

数据信息是涪江流域新增国考断面预测预报的重要信息。地表水质预测信息包括气象、水文、水质监测、污染源、下垫面等多源信息。构建集成全部信息的数据库，是涪江流域水文模型构建和国考断面水质预测的基础。

1. 气象监测数据

监测数据信息包括两个部分：站点信息和数据信息。涪江流域建有安县、平武、北川等18个气象站，监测的气象数据包括降水量、风速、最大最小温度、相对湿度、日照时数等，满足SWAT模型构建的需求。

涪江流域属湿润气候，上游山区地处鹿头山和龙门山两个暴雨区，降水量大，气温低，变化剧烈，冬春寒冷。中下游丘陵区雨量相对较少，气候温和。降水在年内、年际、地区之间变化较大，流域内降水年际变化较大，一般少水年仅为多水年的33%～58%。江油、绵阳等地年最大降水量与年最小降水量的比值达三倍左右。

2. 水文监测数据库

涪江流域的水文监测站共有12个，其中涪江干流和支流各6个。涪江径流主要来源于降水，其次为上游山区少量融雪补给。全流域多年平均径流量为174亿立方米，径流深为494毫米。径流特点与降水规律完全一致。

径流的地区分布差异显著。上游山区面积占涪江流域面积的三分之一，多年平均河川径流量近100亿立方米，占全流域的57%，径流深高达832毫米，为全流域平均径流深的1.68倍，枯、平水期径流量约为全流域的70%。中下游丘陵区由于降水量相对较少，而蒸发量又较大，区间面积虽占全流域面积的三分之二，但多年平均河川径流量仅占全流域的45%。枯、平水期则更少，径流深为328毫米；太和镇至小河坝区间仅有267毫米。

3. 涪江流域水质数据库

涪江干支流共有水质自动监测站12个，其中5个位于涪江干流，5个位于涪江主要支流，2个位于主要水库。水质数据包括主要污染物（氨氮、高锰酸盐指数、溶解氧、总氮、总磷等）的浓度信息。

4. 涪江流域污染源数据库

污染源数据来源于环统数据，包括2016—2019年的工业点源、城镇污水处理厂、畜禽养殖、城镇生活点源污染排放等，还包括污染源信息数据、排放位置等相关信息。

5. 涪江流域基础地理信息

（1）涪江流域DEM数据。

DEM来自美国地质调查局(USGS)EROS数据中心建立的全球陆地DEM（GTOPO30，网址：http://edcdaac.usgs.gov/gtopo30/gtopo30.asp），涪江流域DEM如图4.2-1所示，根据DEM确定的流域坡度分布如图4.2-2所示。

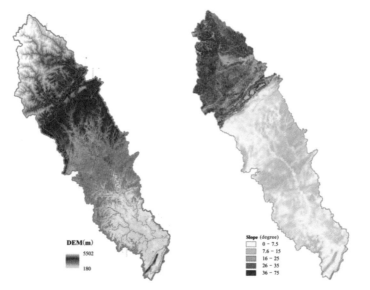

图4.2-1 涪江流域DEM　　　　图4.2-2 涪江流域坡度分布

（2）土地利用。

采用 LUCC分类体系将涪江流域下垫面分为26个子类，涪江流域主要下垫面类型及占比见表4.2-1。

表4.2-1 涪江流域主要下垫面类型及占比

下垫面类型	占比
RICE（Paddy field，稻田）	13.82%
AGRL（Dry land crop field，旱作）	46.54%
FRSD（Deciduous forest）	5.75%
FRST（Mixed forest，混合林地）	19.22%
RNGE（Natural grassland，自然草地）	5.39%
RNGB（Transitional woodland-shrub）	7.75%
PAST（Pastures，牧草）	4.79%
URHD（Continuous urban fabric）	0.41%
URLD（Construction sites，建设用地）	0.44%
WATR（Rivers，reservoir，lake，and pond，水体）	9.20%
SWRN（Sclerophyllous vegetation）	0.29%
UTRN（Road and rail networks and associated land，交通用地）	0.40%
Drainage density（河网密度）	0.178 km/km^2

（3）土壤。

土壤及其物理、化学属性数据采用全国第二次土壤普查资料。土层厚度和土壤质地均采用《中国土种志》的"统计剖面"资料。为进行分布式水文模拟，采用国际土壤分类标准进行重新分类，涪江流域土壤有机质、总氮（TN）、总磷（TP）含量如图4.2-3所示。

土壤数据主要包括两大类：物理属性数据和化学属性数据。土壤的物理属性决定了土壤剖面中水的运动情况，并且对水文响应单元（HRU）中的水循环起着重要的作用，物理属性参数主要包括土层厚度、砂石、粘土、容积密度、饱和水力传导率等。化学属性参数主要包括有机质含量、总氮和总磷含量等。

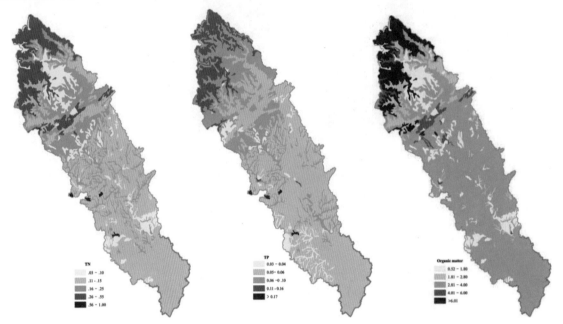

图4.2-3 涪江流域土壤有机质、总氮（TN）、总磷（TP）含量

（4）水系和河道。

以面状图和线状图两种形式提供河道和水库等水系数据。基于ArcGIS的涪江水系信息如图4.2-4所示。

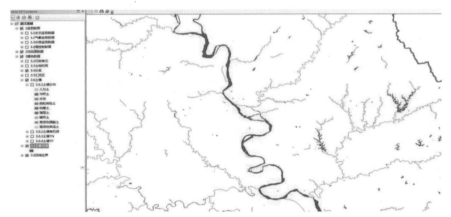

图4.2-4 基于ArcGIS的涪江水系信息

二、涪江流域SWAT模型构建与水质预测预警

在构建SWAT模型时，首先根据数字高程（DEM），将涪江流域划分为263个汇流区（子流域），然后根据汇流区内下垫面坡度、土地利用以及土壤的差异，进一步将计算区划分为1894个水文单元，在每一个水文单元内，采用具有明确物理意义的方法计算陆面水文过程中水循环和污染物迁移转化，其中地表径流和基流作为河道水文过程的输入，采用动力学过程模拟河道水文和污染物迁移转化过程，以及河道逐级汇流过程。

1. 涪江流域SWAT模型构建

（1）子流域划分。

采用SWAT模型计算DEM模型中每个网格单元与其相邻的八个网格单元之间的坡度，然后按最陡坡度原则确定单元水流流向，计算任何网格单元上的坡面集水面积。当集水面积超过定义的最小河道集水面积阈值时，这些网格点就确定为河道，直到搜寻至流域出口断面。根据河道的出口或入口、主流域出口断面位置等信息，从流量累积值网格图层中提取河系网格图层，跟踪每个栅格单元的流向直到遇到流域出口单元到达DEM网格边界，最终确定涪江流域河网结构。

（2）水文单元划分和下垫面信息展布。

模型根据土地利用、管理和土壤属性，将每个子流域划分为一定数量的水文响应单元（HRUs）作为计算单元。每一个水文响应单元中的土地利用、土壤属性等是唯一的，并假定同一类HRU在子流域内具有相同的水文行为。HRU是子流域内特定的土地利用、管理和土壤类型的总面积。在SWAT模型中，分别计算每个HRU内的径流、泥沙、污染负荷，然后在子流域出口将所有HRU的产出进行叠加，得到子流域径流和污染通量过程。

2.新增国考断面水质预警评估

（1）梓江天仙镇大佛寺渡口断面水质模拟效果分析。

梓江大桥位于新增国考断面天仙镇大佛寺渡口断面下游近河口位置，采用梓江大桥断面水质自动监测数据对SWAT模拟效果进行分析，氨氮、总磷、高锰酸盐指数、溶解氧、总氮等5种污染物模拟结果和实测结果的比较如图4.2-5所示。由模拟结果的比较来看，SWAT模拟氨氮等5种污染物变化趋势与实测趋势一致，氨氮、总磷、高锰酸盐指数、总氮模拟结果的均值和标准差与实测值基本一致，溶解氧模拟值的标准差小于实测值，相比模拟值，实测溶解氧的变化更为显著，模拟溶解氧的最大值为12.6 mg/L，而实测值溶解氧的峰值可以达到16.0 mg/L，建议对同期溶解氧峰值监测数据进行核定。

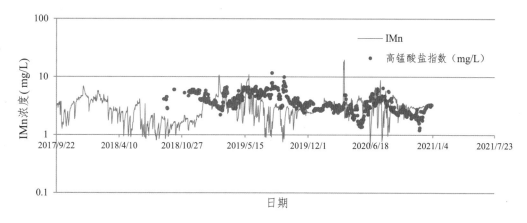

（a）IMn

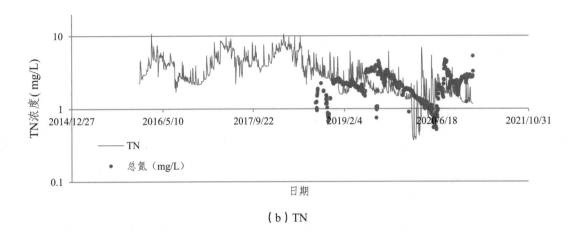

（b）TN

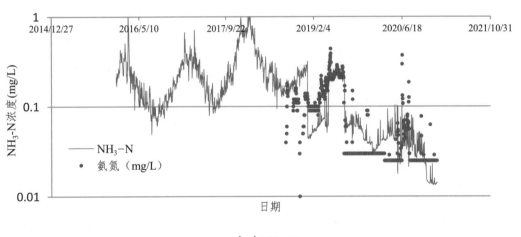

（c）NH₃-N

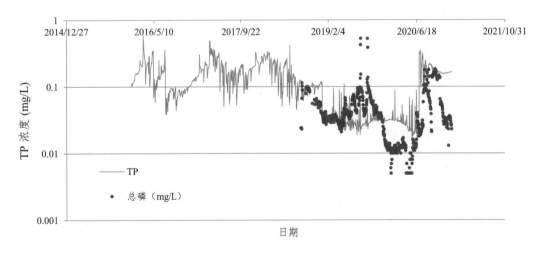

（d）TP

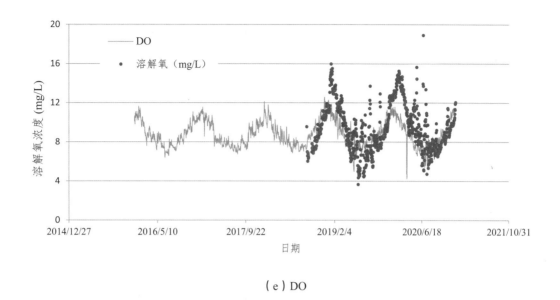

（e）DO

图4.2-5　梓江大桥断面主要污染物模拟结果和实测结果的比较

（2）双堰村和松花村断面水质预测。

双堰村和松花村是涪江支流凯江上游两个支流的控制断面，由于缺少实测资料，以凯江最靠近这两个新增国考断面的自动站（西平镇）和凯江出口位置（老南桥站）的水质监测资料对主要污染物浓度的计算结果进行分析。西平镇和老南桥站氨氮等5种主要污染物实测结果和模拟结果的比较分别如图4.2-6和图4.2-7所示。由模拟结果的比较来看，氨氮等主要污染物SWAT模拟结果和实测结果趋势性一致，污染物浓度变化范围和实测值基本一致，相对偏差为−21%～6%，模拟误差基本可以控制在20%以内。西平镇氨氮在低浓度情况下，表现出显著的变异性，模拟结果也能够总体反映这种变化。然而在低浓度条件下的模拟精度相对偏低，对于水质预报的影响并不十分显著。老南桥站断面除高锰酸盐指数模拟误差偏差较大之外，其余污染物浓度模拟结果和实测结果的相对误差均小于20%。

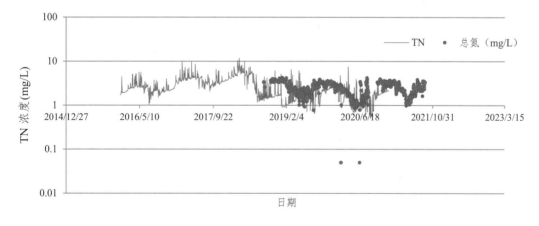

（a）TN

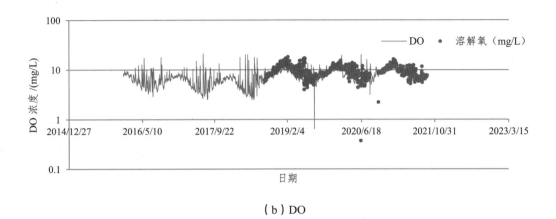

（b）DO

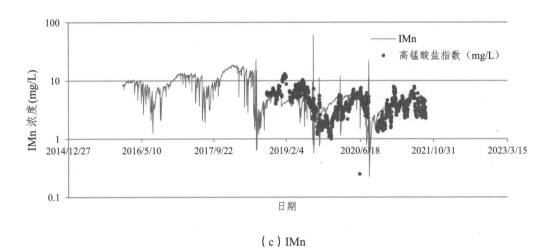

（c）IMn

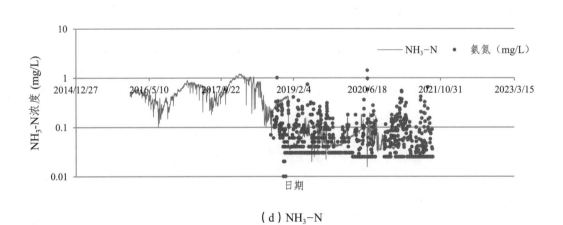

（d）NH₃-N

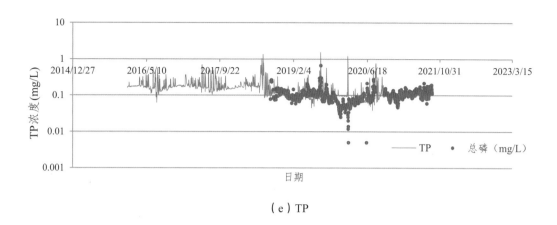

（e）TP

图4.2-6 西平镇主要污染物实测结果和模拟结果的比较

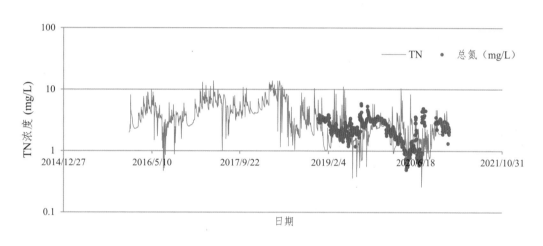

（a）TN

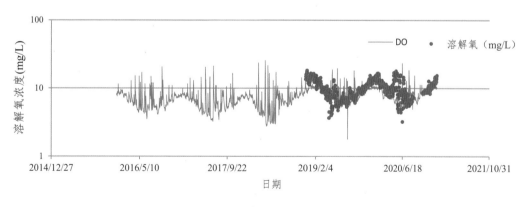

（b）DO

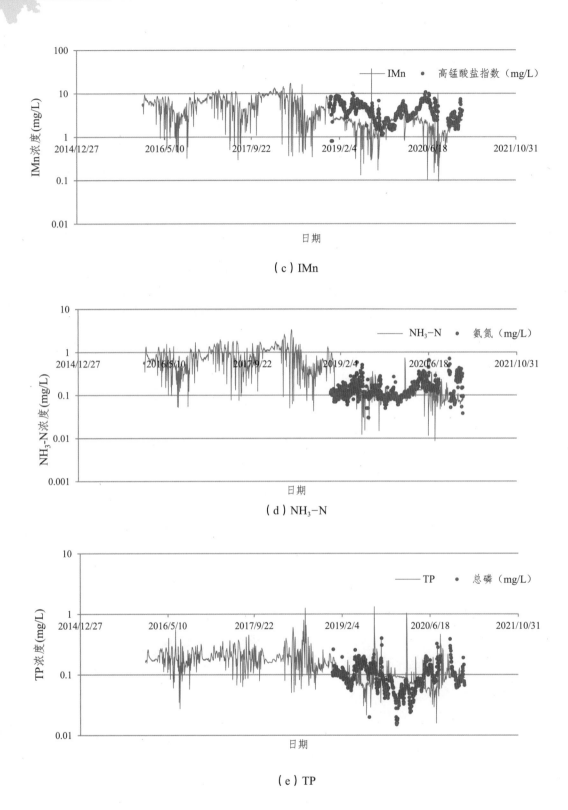

（c）IMn

（d）NH₃-N

（e）TP

图4.2-7　老南桥站主要污染物实测结果和模拟结果的比较

第三章　四川省农用地土壤环境动态预警监测研究

2021年，四川省生态环境监测总站和生态环境部华南环境科学研究所共同合作，以四川省农用地详查成果为基础，结合污染类型、农产品、灌溉水及大气监测结果，构建土壤环境治理预警体系，运用统计学等手段，探索优先保护类重点风险监控区域的划定方法；开展土壤环境质量预警体系前期研究，探索建立土壤环境质量预警体系。

一、研究方案

1. 农用地详查成果分析

基于农用地详查结果，分析农用地和农产品重金属污染状况，明确四川省农用地主要污染物以及主要污染类型、污染成因等。另外，结合历次调查数据、重点行业企业用地调查成果和地球化学背景特征等，对优先保护类和安全利用类区域进行系统的潜在污染源分析，为预警研究区域的筛选奠定基础。

2. 预警研究区域筛选及确定

依据农用地土壤污染状况详查数据，运用ArcGIS的统计学模块对监测数据进行统计分析，探讨区域划定方法，筛选出四川省优先保护类农用地范围内临近超标和污染风险较大区域，以耕地土壤主要污染物、污染程度高、累积性高作为独立或组合指标，选择代表性耕地污染地块。

3. 预警研究区域调查和监测

为建立农用地土壤环境质量预警模型，首先需要建立污染物输入—输出通量模型，因此需要以耕作层土壤为关注对象，实地调查监测获得重金属等污染物输入、输出数据。通过进一步收集预警研究区域的相关数据，布设不同介质重金属监测点位，开展实地监测。

4. 预警模型构建

（1）分析研究试点区输入—输出通量。

对于农用地，土壤污染年累积量主要考虑大气沉降、灌溉水、施肥和石灰输入等输入途径，以及作物收获、秸秆移除等输出过程。选择典型研究区域，开展研究区大气污染物干湿沉降排放、灌溉水污染物含量以及农用物资施用量及其污染物含量的数据收集和统计分析，研究作物收获等输出过程，研究区域污染物的输入—输出通量。

（2）土壤质量超标风险预测。

以《土壤环境质量农用地土壤污染风险管控标准（试行）》（GB 15618—2018）中土壤污染风险筛选值或管制值为上限，预测当前趋势下土壤污染变化趋势。

（3）农作物超标风险预测。

以《食品安全国家标准食品中污染物限量》（GB 2762—2012）中污染物食品安全标准为上限，预测当前趋势下与土壤相对应的农作物中重金属污染的变化趋势。

二、研究成果

1. 土壤重金属输入—输出通量模型

表层土壤重金属通量由土壤—大气—水—农作物之间的动态通量组成。农田土壤中重金属的主要潜在输入途径是大气干湿沉降、灌溉水、化肥农药施用等，输出途径是土壤渗流、农作物收获等，如图4.3-1所示。通过对农用地重金属的输入、输出各途径的量化分析，可以准确地了解系统中重金属的含量状况及平衡情况，这是农用地土壤重金属元素的累积预测分析及农用地生态风险和农业可持续发展的评估所必需的。

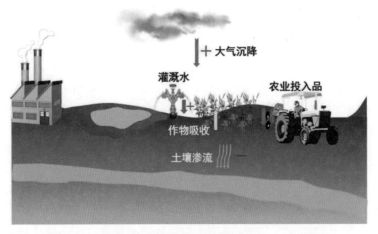

图4.3-1　农田土壤中重金属的主要潜在输入、输出途径

根据质量守恒定律，物质流分析结果通过其所有的输入、贮存及输出过程能最终达到物质平衡。结合文献报道，土壤中重金属的通量估算模型可以由土壤动态质量平衡模型经过求导和单位变换后得出，用于研究区域土壤中重金属镉含量的预测，如图4.3-2所示。

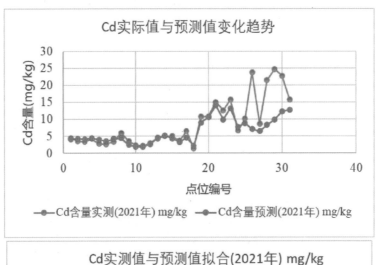

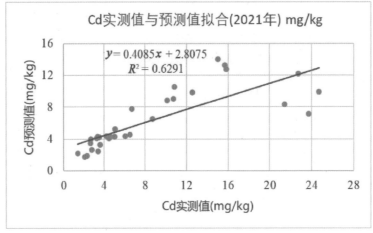

图4.3-2　预警区域农田土壤中镉含量实测值与预测值对比

2. 农作物重金属含量预测模型

农作物中重金属的来源主要包括根部吸收途径和叶面吸收途径。根部吸收途径主要受土壤中重金属总量、土壤性质、植物特性等因素的影响；叶面吸收途径主要受大气干湿沉降，以及颗粒物粒径、叶片气孔、重金属有效性等因素的影响。通常一个变量若对另一个变量具有明显的影响作用，则两者往往表现出显著相关性。因此，采用皮尔逊相关性分析对影响因素间的相关性进行分析，得出农作物重金属含量与土壤参数相关性分析，如图4.3-3所示。

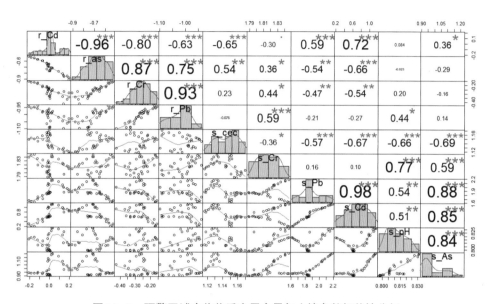

图4.3-3　预警区域农作物重金属含量与土壤参数相关性分析

采用典范对应分析（Canonical Correspondence Analysis，CCA）对影响农作物中重金属含量的关键因素进行识别。本研究初步得出农作物中重金属元素含量预测模型，见表4.3-1。

表4.3-1　预警区域农作物中重金属元素含量预测模型

元素	模型	预测模型	R^2	P	标准误差
As	1	$Log(C_{植物-As})=-4.744+3.539Log(C_{土壤-CEC})$	0.293	<0.01	0.088
	2	$Log(C_{植物-As})=-12.264+6.124Log(C_{土壤-CEC})+5.629Log(C_{土壤-pH})$	0.494	<0.01	0.076
	3	$Log(C_{植物-As})=-13.457+5.271Log(C_{土壤-CEC})+8.973Log(C_{土壤-pH})-0.544Log(C_{土壤-As})$	0.566	<0.01	0.072
Cd	1	$Log(C_{植物-Cd})=-0.196+0.2791Log(C_{土壤-Cd})$	0.503	<0.01	0.073
	2	$Log(C_{植物-Cd})=2.618+0.353Log(C_{土壤-Cd})-3.534Log(C_{土壤-pH})$	0.598	<0.01	0.065
	3	$Log(C_{植物-Cd})=10.197+0.23Log(C_{土壤-Cd})-6.369Log(C_{土壤-pH})-4.544Log(C_{土壤-CEC})$	0.804	<0.01	0.046
Pb	1	$Log(C_{植物-Pb})=-2.526+1.8711Log(C_{土壤-pH})$	0.192	0.01	0.043
	2	$Log(C_{植物-Pb})=-3.341+3.309Log(C_{土壤-pH})-0.186Log(C_{土壤-Pb})$	0.468	<0.01	0.035
Cr	1	$Log(C_{植物-Cr})=-3.182+1.6031Log(C_{土壤-Cr})$	0.166	0.01	0.059
	2	$Log(C_{植物-Cr})=-6.369+2.198Log(C_{土壤-Cr})+1.841Log(C_{土壤-CEC})$	0.324	<0.01	0.053

3. 土壤—农作物质量预警警度判断

预警体系可预测农用地土壤环境质量变化，再通过与警度划分标准进行对比，判断其警情情况。根据区域农用地利用现状，可选择《土壤环境质量 农用地土壤污染风险管控标准（试行）》（GB 15618—2018）等作为评价标准。参考评价标准，考虑研究区域实际情况，统计土壤污染物含量超过评价标准的网格；借助GIS软件中的指示克里格概率模型，设置阈值（评价标准）大小，获得预警因子的概率图，根据概率大小，确定警度。本研究中针对德阳市什邡市污染耕地中主要污染物镉进行了预警警度判断，如图4.3-4所示。

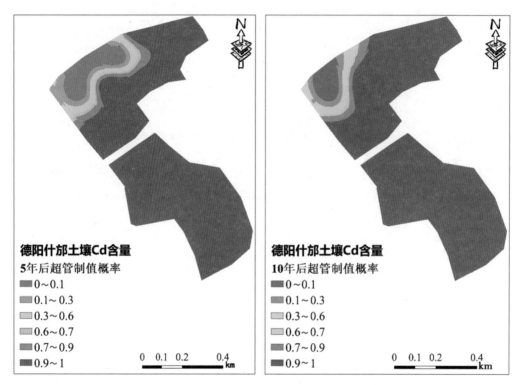

图4.3-4 预警区域未来5年和10年土壤中镉超过管制值概率分布

第四章 遥感监测与应用战略合作

为提升四川省生态环境遥感监测能力，深入打好污染防治攻坚战，2021年4月2日，四川省生态环境厅与生态环境部卫星环境应用中心（以下简称卫星中心）共同签署了《生态环境遥感监测与应用战略合作协议》。该协议按照友好合作、优势互补、共同发展的原则，通过建立生态环境遥感监测与综合应用合作模式，助力精准发现区域生态环境问题，支持四川省生态环境遥感监测体系建设。战略合作协议的签署对于提升四川省环境保护督察、生态保护红线和自然保护区监管、大气联防联控以及面源污染监测与评估等方面的能力与技术水平，强化四川省生态环境遥感监测技术人才培养具有重要意义。

一、合作开展情况

2021年至2023年，合作主要围绕中央和省级环保督察以及生态环境突出问题发现整改等工作开展。卫星中心利用数据优势及时对四川省尾矿库、渣场、自然保护区人类活动、长江经济带等方面存在的问题进行精准定位，重点关注问题整改和生态恢复。同时将中分辨率卫星影像普查、高分辨率卫星影像和无人机详查以及人工现场核查结合起来，开展四川省生态保护红线监测与监管，对突破边界、生态破坏等进行精准定位、快速查处，最终实现生态环境遥感监测业务化运行。同时也逐步提升四川省遥感监测人员素质、技术水平和软硬件装备能力，初步建立生态环境遥感监测能力。

2021年，四川省生态环境监测总站和卫星中心联合开展生态环境人类活动遥感监测，首先在中分辨率卫星影像基础上对目标区进行普查，对筛出的重点区域利用高分辨率卫星影像和无人机实地作业进行详查，最后确定出人类活动变化图斑，由四川省生态环境监测总站和各驻市（州）站共同进行现场核查。各种平台和手段相互补充为四川省国家重点生态功能区提供了高分辨率卫星影像数据保障，同时为重点区域自然保护地人类活动、减脱水河段问题、长江流域缓冲带开发利用提供信息服务。

二、重点区域遥感解译成果

1. 自然保护地人类活动

利用高分一号、高分二号、高分六号等高空间分辨率遥感影像，开展了小金四姑娘山国家级自然保护区、亚丁国家级自然保护区、贡杠岭省级自然保护区、洛须省级自然保护区、米亚罗省级自然保护区、诺水河省级自然保护区、大熊猫国家公园、四川大巴山国家地质公园等8个自然保护地人类活动变化遥感监测。根据《自然保护地人类活动遥感监测技术规范》（HJ 1156—2021），将人类活动分为矿产资源开发、工业开发、能源开发、旅游开发、交通开发、养殖开发、农业开发、居民点与其他活动。其中，新发现疑似人类活动是指对比前后两期影像，发现属于新增或扩大的人类活动；减少的人类活动是指对比前后两期影像，发现属于面积减少或强度减弱的人类活动。截至2021年9月，共发现428处存在新增和规模扩大的工矿用地、采石场、旅游设施等开发建设情况。自然保护地人类活动点位分布如图4.4-1所示。

图4.4-1　自然保护地人类活动点位分布

2. 减脱水河段问题

减脱水河段是指在修建水电站后，导致电站下游河段的水位下降或断流的情况。河道减脱水段生态防治是环境保护的重要内容之一。针对沐川县、马边彝族自治县、峨边彝族自治县和石棉县减脱水河段问题开展遥感监测，发现3处存在河流减脱水现象，主要分布在沐川县（1处）和石棉县（2处），如图4.4-2所示，马边彝族自治县和峨边彝族自治县未监测到河流减脱水现象。

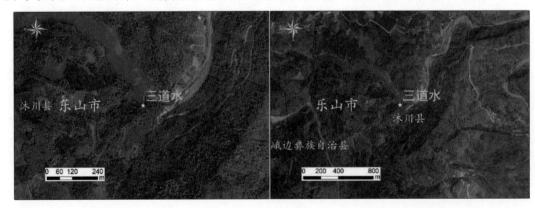

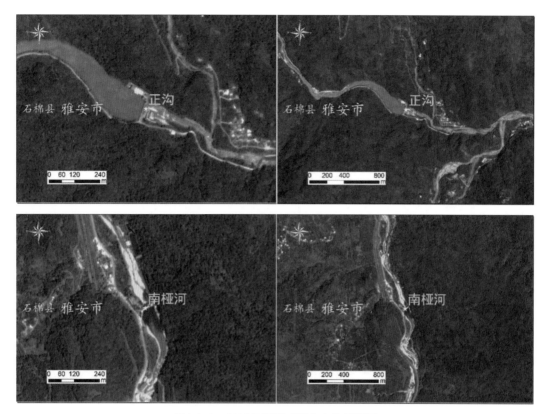

图4.4-2　2021年河流减脱水点位示意图

3. 缓冲带开发利用

基于2021年/2020年卫星影像，对雅砻江（木里藏族自治县段）、雅砻江（盐源县段）、金沙江（宁南县段）和金沙江（雷波县段）1千米缓冲带区域的开发利用情况开展遥感监测，共筛选出40个可能对水环境产生较大影响且面积较大的工矿等典型开发利用区，4个监测河段的开发利用区分布如图4.4-3所示。

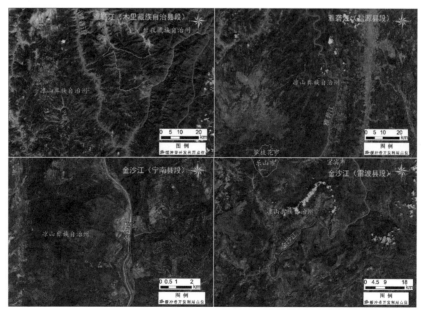

图4.4-3　4个监测河段的开发利用区分布

三、合作展望

通过与卫星中心开展合作，四川省生态环境监测工作更高效且有的放矢，可为现场执法提供科学客观的数据支撑，对生态保护用地监管、减脱水监管和缓冲带开发利用等方面提供有力支撑。下一步，双方将面向未来，共同谋划重大工程布局，把战略合作协议落到实处，助力四川省生态环境高质量发展。

2021

第五篇

总　结

第一章　生态环境质量状况主要结论

一、四川省城市环境空气质量完成国家下达的环境空气质量目标任务，同比2020年略有恶化，较三年均值有所改善。冬季颗粒物重污染与夏季臭氧污染特征依旧明显，盆地内污染高浓度区域中心仍在川南经济区

2021年四川省城市环境空气质量六项监测指标年均浓度全部达到国家环境空气质量二级标准，优良天数率为89.5%，完成国家89.4%的目标任务，同比2020年下降1.2个百分点，较2018—2020年三年均值上升0.1个百分点。细颗粒物（$PM_{2.5}$）浓度为32微克/立方米，完成国家34微克/立方米的目标任务，同比2020年上升3.2个百分点，较2018—2020年三年均值下降4.5个百分点。重污染天数率为0.2%，完成国家0.3%的目标任务。全省空气污染物季节分布特征主要为冬季细颗粒物（$PM_{2.5}$）、夏季臭氧（O_3）污染，区域空间分布特征为川南经济区污染浓度较高，川西北生态示范区及攀西经济区空气质量较好。

二、四川省酸雨污染总体与上年持平，硫酸盐仍是主要致酸物质

2021年四川省城市降水pH年均值为6.09，酸雨pH为5.05，酸雨频率为4.5%，酸雨量占总雨量的比例为5.3%。酸雨城市为泸州市和绵阳市，属轻酸雨城市，其余市（州）城市均为非酸雨城市。同比酸雨污染总体持平。硫酸盐仍为主要致酸物质，硝酸根离子对降水酸度的影响持续加重。

三、四川省地表水水质总体优，沱江、琼江水质良好，其余流域水质均为优

2021年四川省地表水水质总体优。Ⅰ～Ⅲ类、Ⅳ类水质断面所占比例分别为94.8%、5.2%，无Ⅴ类、劣Ⅴ类水质断面。全省重点湖库水质均为优良。十三大流域中长江（金沙江）、雅砻江、安宁河、赤水河、岷江、大渡河、青衣江、嘉陵江、涪江、渠江、黄河流域水质总体均为优，沱江、琼江水质总体良好。干流水质均为优，污染河段主要分布在岷江、沱江、渠江、涪江的部分支流。

四、四川省集中式饮用水水源地水质良好，保持稳定

2021年四川省268个县级及以上城市集中式饮用水水源地全年断面达标率及水质达标率均为100%，271个监测断面中Ⅱ类及以上水质所占比例为75.6%，同比持平；2577个乡镇集中式饮用水水源地水质监测断面（点位）达标率为94.9%，较上年提高1.3个百分点。全省集中式饮用水水源地水质良好，保持稳定。

五、四川省国家地下水环境质量考核点位水质总体较好，水质超标率较低

2021年四川省国家地下水环境质量考核点位总体水质类别以Ⅲ类为主，占比42.7%。超标点位数共计9个，占比11.0%。引起水质超标的主要无机污染指标有硫酸盐、总硬度、溶解性总固体、氯化物、钠、碘化物，主要金属污染物为铅、锰。超标点位主要分布在攀枝花、泸州、达州、眉山、宜宾、广元、资阳等7个市。

六、四川省声环境质量总体保持稳定

2021年四川省区域声环境昼间质量总体为"较好"，昼间平均等效声级为54.3分贝，同比上升0.3分贝；城市道路交通声环境昼间质量总体为"好"，昼间长度加权平均等效声级为68.0分贝，同比下降0.4分贝，达标路段占72.3%；各类功能区昼间达标率为96.8%，夜间达标率为83.1%，同比有小幅上升。

七、四川省生态环境状况为"良"，保持稳定

2021年四川省生态环境状况指数为71.7，生态环境状况类型为"良"。全省21市（州）生态环境状况均为"优"和"良"，其中优占19.0%；全省183个县（市、区）的生态环境状况以"优"和"良"为主，其中优占23.5%，良占73.2%。2020—2021年，全省生态环境状况比较稳定，属于"无明显变化"。

八、四川省县域农村环境状况指数以"优"和"良"为主，农村环境质量总体保持稳定

2021年村庄环境空气总体优良天数比例为94.5%，受细颗粒物及臭氧等污染影响，同比有所下降；土壤监测点位以Ⅰ级为主，占比为89.6%，无Ⅲ级监测点位；县域地表水监测断面达标率为94.7%，同比有所下降；农村千吨万人饮用水水源地总体达标率为95.4%；灌溉规模10万亩以上灌区灌溉水水质达标率为92.6%，日处理能力20吨及以上的农村生活污水处理设施出水水质达标率为73.6%。农村环境状况指数分级"优"及"良"，占比达到99.0%。

九、达州、南充两市农用地土壤生态环境风险较低，风险源周边的农用地土壤污染较严重

2021年在达州和南充开展了国家网基础点位监测，南充所有基础点综合评价结果均低于筛选值，达州低于风险筛选值的点位占92.2%，两市农用地土壤生态环境风险低。风险源周边风险监控点综合评价结果显示69.9%的点位超过风险筛选值，其中9.5%的点位超过风险管制值。污染最严重的项目是重金属镉，62.2%的点位超过风险筛选值，其中8.4%的点位超过风险管制值；其次是铜、铬、镍和锌；其他金属指标和有机指标污染较轻。

十、电离辐射环境质量总体良好，电磁辐射环境水平低于规定限值

2021年四川省辐射环境自动站、陆地、空气、地表、水体、饮用水、土壤、电磁辐射等辐射环境质量监测结果表明电离辐射环境质量总体良好，电磁辐射环境水平低于《电磁环境控制限值》（GB 8702—2014）规定的公众暴露控制限值。

第二章　主要环境问题

一、四川省冬季细颗粒物（PM$_{2.5}$）重污染天气仍较为突出，臭氧（O$_3$）浓度虽出现近五年首次下降，但仍为环境空气第二主要污染指标

四川盆地由于地形特殊，不利于污染物扩散。冬季逆温、静稳等不利气象频发，导致盆地内部污染物的累积和二次转化。2021年1月、2月及12月，受冬季细颗粒物（PM$_{2.5}$）的影响，全省产生重污染以上天数共14天，占全年重污染以上天数的93.3%。而氮氧化物和挥发性有机物未得到有效控制，叠加晴朗天气下太阳高辐射影响，易造成大气臭氧污染。

通过颗粒物及挥发性有机物协同走航监测结果来看，冬季重污染期间，施工扬尘、道路扬尘及生物质燃烧等颗粒物污染问题仍较为突出，尤其是川东北地区腊肉熏制、生物质露天燃烧等现象较为普遍，叠加不利气象条件的影响，是造成颗粒物污染的重要原因。夏季臭氧污染期间，部分高挥发性有机物排放企业重污染天气应急响应措施落实不到位，汽车制造、医药制造、家具制造等行业挥发性有机物排放量仍然较大，加油站、餐饮油烟等面源污染问题较为突出，叠加夏季高温低湿气象条件，是造成夏季臭氧污染的重要原因。

二、四川省部分支流仍受到轻度污染，主要集中在岷江、沱江、渠江及涪江支流段

2021年，四川省十三大流域干流水质均为优，18个Ⅳ类水质断面主要集中在岷江（3个）、沱江（7个）、渠江（3个）、涪江（3个）的支流段，长江（金沙江）及嘉陵江支流各1个。其中包括岷江支流体泉河、茫溪河和越溪河，沱江支流富顺河、阳化河、环溪河、小阳化河、小濛溪河、釜溪河和隆昌河，渠江支流新宁河、平滩河和东柳河，涪江支流芝溪河、坛罐窑河和姚市河，主要污染指标为化学需氧量、总磷、高锰酸盐指数和氨氮。

造成上述支流河段超标的原因：一是支流河段常年生态流量较小，补水主要依靠自然集雨；二是超标河段流经地区多为老旧城区或人口集中的乡镇，污水收集率较低，污水处理厂处理能力不足，雨污分流不彻底，加上入河排污口不够规范，排水直接进入生态流量较小的河道，反而加重了河道污染；三是面源污染治理难度较大，雨季增加生态流量的同时也带入了一定量的污染物。

三、乡镇集中式饮用水水源地仍存在超标现象，农村千吨万人饮用水地下水型水源地达标率有所下降

2021年四川省乡镇集中式饮用水水源地断面（点位）达标率虽较上年有所提高，但仍存在总磷、高锰酸盐指数、五日生化需氧量等指标超标的现象，农村千吨万人饮用水地下水型水源地达标率同比有所下降。水源地水质超标的原因主要有：水源地设置在小水库或小支流上，水量补充不足；水源地周边农村面源污染较严重，农村生活垃圾及家畜粪便随意堆放，未经收集处理的畜禽养殖污水直接排入水体，果林和农作物施肥、施药残留等，导致部分地表水源地水质超标；地下水型水源地未经必要处理，卫生指标超标；水源地体制不健全、管理不规范。

四、农村面源污染情况不容乐观

农村面源污染按监测断面内梅罗指数及县域内梅罗综合指数进行了评价。52个监测断面以"轻度污染"等级为主，占46.2%，"污染""重度污染""严重污染"占比达到28.8%；29个县域中"轻度污染"占41.4%，"污染""重度污染"占比为31.0%。种植业及养殖业对农村面源污染影响

较大。受面源污染的一定影响，县域地表水监测断面达标率在雨季有所下降，农村面源污染情况不容乐观。

五、风险源周边的农用地土壤污染较严重，呈现出以镉为主要污染物，同时存在其他金属污染物的复合型污染特征

风险源周边农用地土壤中镉污染问题突出，62.2%的点位镉超过风险筛选值，其中8.4%的点位镉超过风险管制值，超标点位主要分布在黑色金属矿采选业、有色金属矿采选业、铅锌矿采选业、黑色金属冶炼和压延加工业、化学原料和化学制品制造业、有色金属冶炼和压延加工业等企业周边。空间分布主要集中在乐山、成都、绵阳、德阳和凉山等地。主要原因是自然地质背景叠加人为活动造成的。

第三章　对策与建议

一、加强监测执法联动力度，督促落实重污染天气应急响应措施，强化挥发性有机物全过程控制

加强重污染天气应急响应措施督察，监督企业严格落实措施；进一步强化监测执法联动力度，做到及时发现问题、查处问题、落实整改；倡导高挥发性有机物排放企业改进原辅材料，使用水性油漆，从源头降低挥发性有机物排放量；加强加油站、餐饮油烟等面源污染管控，严格落实无组织排放技术要求，有效降低本地污染排放量。

二、继续开展重点小流域污染防治，建立枯水期生态流量保障体系，持续推进农村生活污水及面源污染整治工作

继续开展岷江、沱江、渠江和涪江流域的污染防治，加强对小流域的污染排查和整治，制定针对性的生态补水方案，确保小流域的生态流量；持续开展城镇、农村污水处理厂建设，提高污水收集率和处理能力，完成入河排污口规范化整治工作，保证污水厂处理设施的正常运行；开展专项督查工作，解决河道两岸垃圾堆放、农业过度开垦造成的面源污染问题。

三、加强乡镇饮用水水源地保护，夯实保护区基础设施建设

因地制宜地开展不达标水源地的专项整治工作，全面提升饮水安全质量。优化农村饮水工程布局，推进城乡供水一体化建设。对水源地进行撤小并大，开展跨村、跨乡镇联片集中供水。结合饮用水水源水质状况，科学合理确定后续处理工艺，确保供水安全。持续推进保护区划分，严格管控保护区调整，完成标志标牌设置，加快推进一级保护区隔离防护设施建设，夯实保护区基础设施建设。

四、持续开展农村面源污染整治，不断增强村民环保意识

结合城镇和村庄发展规划、人口分布情况，合理布局建设农村生活污水处理设施；提高污水收集率，确保设施正常运行；加强设施运行监管，定期开展执法抽测。积极宣传可持续发展理念和生态文明思想，增强村民环保意识。加大科技投入，做好农药化肥源头控制。根据畜禽养殖生产工艺及实际情况选择有效的防治措施，提高资源利用率。减少塑料农膜使用量，推广可降解农膜产品。实行生活垃圾分类收集处置。

五、加强涉重金属行业监督管理，开展土壤环境和农产品协同监测

将涉重金属行业企业列为重点关注对象，加强例行监督管理，明确污染责任，督促开展企业周边土壤自行监测。必要时对风险源周边增加点位布设和监测频次，进一步开展污染成因分析，制定相应的管控措施，更好地实现土壤污染风险监控和预警。开展土壤环境和农产品协同监测，一旦发现存在食用农产品不符合质量安全标准的情况，应采用农艺调控、替代种植等安全措施，甚至采用更加严格的禁止种植食用农产品、退耕还林等管控措施。

附　表

附表1　2021年四川省21个市（州）城市环境空气质量指数（AQI）级别统计

城市名称	优比例	良比例	轻度污染比例	中度污染比例	重度污染比例	严重污染比例	优良天数率		重度污染及以上	
							比例	同比	天数	同比天数
阿坝州	81.5%	18.5%	0	0	0	0	100%	0	0	0
甘孜州	93.4%	6.6%	0	0	0	0	100%	0	0	0
凉山州	55.9%	42.7%	1.1%	0.3%	0	0	98.6%	0.8%	0	−2
攀枝花市	39.2%	57.5%	3.3%	0	0	0	96.7%	−1.9%	0	0
广元市	56.4%	39.7%	3.6%	0.3%	0	0	96.2%	−0.5%	0	0
巴中市	55.9%	39.7%	4.1%	0.3%	0	0	95.6%	−1.4%	0	0
雅安市	53.4%	39.7%	6.8%	0	0	0	93.2%	−3.0%	0	0
南充市	47.7%	44.4%	6.3%	1.4%	0.3%	0	92.1%	−1.9%	1	1
遂宁市	43.3%	46.8%	9.6%	0.3%	0	0	90.1%	−5.0%	0	0
绵阳市	33.7%	55.1%	9.6%	1.6%	0	0	88.8%	1.1%	0	0
达州市	46.3%	42.5%	9.0%	1.9%	0.3%	0	88.8%	−0.5%	1	−1
资阳市	35.6%	53.2%	10.7%	0.3%	0.3%	0	88.8%	0	1	1
广安市	45.2%	42.5%	11.2%	1.1%	0	0	87.7%	−3.0%	0	−1
乐山市	34.2%	51.8%	12.3%	1.6%	0	0	86.0%	−1.2%	0	−1
眉山市	27.9%	57.3%	12.9%	1.6%	0.3%	0	85.2%	−2.2%	1	1
泸州市	34.0%	50.4%	12.6%	2.7%	0.3%	0	84.4%	−1.7%	1	1
内江市	37.0%	46.8%	15.1%	0.8%	0.3%	0	83.8%	−5.8%	1	1
德阳市	29.9%	52.9%	13.7%	3.3%	0.3%	0	82.7%	2.1%	1	−1
成都市	27.9%	54.0%	13.7%	4.1%	0.3%	0	81.9%	3.8%	1	−1
宜宾市	30.1%	50.4%	15.6%	2.7%	1.1%	0	80.5%	−3.1%	4	2
自贡市	25.2%	53.4%	16.4%	4.1%	0.8%	0	78.6%	−2.0%	3	2
全省平均	44.5%	45.0%	8.9%	1.4%	0.2%	0	89.5%	−1.2%	0.7	0.1

注：以优良天数率降序排列。

附表2 2021年四川省21个市（州）城市环境空气主要污染物同比

城市名称	2021年平均浓度（微克/立方米，CO为毫克/立方米）						2020年平均浓度（微克/立方米，CO为毫克/立方米）						同比2020年变化率					
	SO_2	NO_2	CO	O_3	$PM_{2.5}$	PM_{10}	SO_2	NO_2	CO	O_3	$PM_{2.5}$	PM_{10}	SO_2	NO_2	CO	O_3	$PM_{2.5}$	PM_{10}
成都市	5.6	35.1	1.0	151.0	39.8	60.6	6.1	35.2	1.0	169.0	39.2	61.7	-8.2%	-0.3%	0	-10.7%	1.5%	-1.8%
自贡市	7.8	24.4	0.9	142.0	43.5	66.3	7.2	27.2	1.0	153.5	43.2	61.8	8.3%	-10.3%	-10.0%	-7.5%	0.7%	7.3%
攀枝花市	22.0	29.5	2.3	133.0	30.9	47.1	25.4	32.4	2.5	128.0	29.5	48.4	-13.4%	-9.0%	-8.0%	3.9%	4.7%	-2.7%
泸州市	11.5	27.0	1.0	137.2	40.6	52.2	9.8	27.8	1.0	146.0	39.2	51.0	17.3%	-2.9%	0	-6.0%	3.6%	2.4%
德阳市	6.3	30.9	1.0	145.6	36.7	62.8	6.4	29.3	1.0	162.5	37.4	60.9	-1.6%	5.5%	0	-10.4%	-1.9%	3.1%
绵阳市	7.9	26.4	1.0	138.6	34.9	56.7	6.2	27.2	1.0	155.5	32.6	55.0	27.4%	-2.9%	0	-10.9%	7.1%	3.1%
广元市	6.7	26.5	1.2	112.0	24.1	41.3	9.7	30.3	1.1	121.5	25.2	44.4	-30.9%	-12.5%	9.1%	-7.8%	-4.4%	-7.0%
遂宁市	8.1	20.3	0.9	125.6	29.9	49.2	8.5	18.0	1.0	132.0	29.0	47.4	-4.7%	12.8%	-10.0%	-4.8%	3.1%	3.8%
内江市	8.8	23.7	1.1	136.6	35.0	51.8	7.6	21.5	1.1	142.5	34.3	48.0	15.8%	10.2%	0	-4.1%	2.0%	7.9%
乐山市	7.0	25.6	1.1	138.0	37.2	55.1	6.9	26.5	1.0	145.0	35.1	52.9	1.4%	-3.4%	10.0%	-4.8%	6.0%	4.2%
南充市	4.8	21.0	1.1	107.0	36.6	55.1	5.1	25.7	1.0	114.0	36.6	56.1	-5.9%	-18.3%	10.0%	-6.1%	0.0%	-1.8%
宜宾市	8.3	29.3	0.9	141.6	43.8	60.4	7.2	27.5	1.1	151.0	39.9	60.0	15.3%	6.5%	-18.2%	-6.2%	9.8%	0.7%
广安市	6.3	19.1	1.1	126.6	33.9	51.5	5.1	19.5	1.0	137.5	32.2	51.4	23.5%	-2.1%	10.0%	-7.9%	5.3%	0.2%
达州市	9.1	31.4	1.4	95.6	37.5	59.7	9.2	33.3	1.2	111.5	38.6	60.8	-1.1%	-5.7%	16.7%	-14.3%	-2.8%	-1.8%
巴中市	4.2	23.7	1.0	108.0	27.9	44.1	4.0	23.1	1.0	118.0	27.4	42.7	5.0%	2.6%	0	-8.5%	1.8%	3.3%
雅安市	7.2	20.2	0.8	117.6	28.1	40.0	7.3	19.6	0.9	132.0	27.1	37.9	-1.4%	3.1%	-11.1%	-10.9%	3.7%	5.5%
眉山市	9.5	30.8	1.1	148.6	33.6	53.6	9.3	33.8	1.1	156.0	32.0	54.3	2.2%	-8.9%	0	-4.7%	5.0%	-1.3%
资阳市	6.4	23.5	1.0	132.0	28.1	49.5	7.0	23.5	1.0	147.5	30.0	50.1	-8.6%	0.0%	0	-10.5%	-6.3%	-1.2%
阿坝州	11.9	11.3	1.0	108.0	17.0	25.5	7.8	10.0	0.8	107.0	15.6	22.6	52.6%	13.0%	25.0%	0.9%	9.0%	12.8%
甘孜州	7.7	19.5	0.6	96.0	7.5	17.3	8.8	19.9	0.6	101.5	8.6	15.8	-12.5%	-2.0%	0	-5.4%	-12.8%	9.5%
凉山州	10.7	15.2	0.8	128.6	21.0	36.0	11.0	15.8	0.9	126.0	22.3	36.6	-2.7%	-3.8%	-11.1%	2.1%	-5.8%	-1.6%
全省	8.5	24.5	1.1	127.1	31.8	49.3	8.4	25.1	1.1	136.1	31.2	48.6	1.2%	-2.4%	0	-6.6%	1.9%	1.4%

注：O_3浓度为日最大8小时第90百分位平均浓度，CO浓度为日均值第95百分位平均浓度。

附表3　2021年四川省21个市（州）城市降水监测结果统计

城市名称	降水pH	酸雨频率（%）
成都市	6.16	0
自贡市	5.73	9.4
攀枝花市	5.83	9.0
泸州市	5.25	30.8
德阳市	6.34	0
绵阳市	5.46	27.9
广元市	6.55	0
遂宁市	7.32	0
内江市	7.09	0
乐山市	7.12	0
南充市	6.72	0
宜宾市	6.70	0
广安市	6.12	0
达州市	6.17	0
巴中市	6.03	14.5
雅安市	7.58	0
眉山市	6.46	0
资阳市	6.49	0
马尔康市	6.94	0
康定市	6.78	0
西昌市	6.62	0
全省	6.09	4.5

附表4　2021年河流水质评价结果

序号	所属流域	河流/湖库	断面名称	水体类型	断面级别	上年类别	本年类别	污染指标
1	长江（金沙江）	金沙江	金沙江岗托桥	河流	国控	Ⅱ	Ⅱ	
2	长江（金沙江）	金沙江	水磨沟村	河流	国控	—	Ⅱ	
3	长江（金沙江）	金沙江	贺龙桥	河流	国控	Ⅱ	Ⅰ	
4	长江（金沙江）	金沙江	俫果	河流	国控	Ⅰ	Ⅰ	
5	长江（金沙江）	金沙江	金江	河流	省控	—	Ⅱ	
6	长江（金沙江）	金沙江	大湾子	河流	国控	Ⅱ	Ⅱ	
7	长江（金沙江）	金沙江	蒙姑	河流	国控	Ⅱ	Ⅱ	
8	长江（金沙江）	金沙江	葫芦口	河流	国控	—	Ⅰ	
9	长江（金沙江）	金沙江	雷波县金沙镇	河流	省控	—	Ⅱ	
10	长江（金沙江）	金沙江	宝宁村	河流	省控	—	Ⅱ	
11	长江（金沙江）	金沙江	马鸣溪	河流	省控	—	Ⅱ	
12	长江（金沙江）	金沙江	石门子	河流	国控	Ⅰ	Ⅰ	
13	长江（金沙江）	长江	挂弓山	河流	国控	Ⅱ	Ⅱ	
14	长江（金沙江）	长江	李庄镇下渡口	河流	省控	—	Ⅱ	
15	长江（金沙江）	长江	江南镇沙嘴上	河流	国控	—	Ⅱ	
16	长江（金沙江）	长江	纳溪大渡口	河流	国控	Ⅱ	Ⅱ	
17	长江（金沙江）	长江	手爬岩	河流	国控	Ⅱ	Ⅱ	
18	长江（金沙江）	长江	朱沱	河流	国控	Ⅱ	Ⅱ	
19	长江（金沙江）	赠曲	格学桥	河流	国控	—	Ⅱ	
20	长江（金沙江）	硕曲河	香巴拉镇	河流	国控	—	Ⅰ	
21	长江（金沙江）	水洛河	禾尼乡骡子沟	河流	国控	—	Ⅰ	
22	长江（金沙江）	水洛河	香格里拉镇	河流	国控	—	Ⅱ	
23	长江（金沙江）	水洛河	油米	河流	国控	—	Ⅱ	
24	长江（金沙江）	城河	城河入境	河流	国控	—	Ⅱ	
25	长江（金沙江）	鲹鱼河	鲹鱼河入境	河流	国控	—	Ⅱ	
26	长江（金沙江）	黑水河	公德房电站	河流	国控	—	Ⅱ	
27	长江（金沙江）	黑水河	黑水河河口	河流	省控	—	Ⅱ	
28	长江（金沙江）	西溪河	三湾河大桥	河流	国控	—	Ⅲ	
29	长江（金沙江）	西溪河	西溪河大桥	河流	省控	—	Ⅱ	
30	长江（金沙江）	金阳河	木府乡仓房电站	河流	省控	—	Ⅱ	
31	长江（金沙江）	溜筒河	拉一木入境断面	河流	省控	—	Ⅱ	
32	长江（金沙江）	南广河	瓒滩乡	河流	省控	—	Ⅱ	
33	长江（金沙江）	南广河	南广镇	河流	国控	—	Ⅱ	
34	长江（金沙江）	宋江河	黄泥咀	河流	省控	—	Ⅱ	

序号	所属流域	河流/湖库	断面名称	水体类型	断面级别	上年类别	本年类别	污染指标
35	长江（金沙江）	黄沙河	高店	河流	省控	—	III	
36	长江（金沙江）	长宁河	珙泉镇三江村	河流	国控	—	II	
37	长江（金沙江）	长宁河	楠木沟大桥	河流	省控	—	II	
38	长江（金沙江）	长宁河	蔡家渡口	河流	国控	II	II	
39	长江（金沙江）	红桥河	平桥	河流	省控	—	II	
40	长江（金沙江）	红桥河	红桥园田	河流	省控	—	II	
41	长江（金沙江）	绵溪河	大步跳	河流	省控	—	II	
42	长江（金沙江）	永宁河	观音桥	河流	省控	—	II	
43	长江（金沙江）	永宁河	泸天化大桥	河流	国控	II	II	
44	长江（金沙江）	古宋河	堰坝大桥	河流	国控	—	II	
45	长江（金沙江）	大陆溪	四明水厂	河流	国控	—	IV	化学需氧量（0.14）、高锰酸盐指数(0.08)
46	长江（金沙江）	塘河	白杨溪	河流	国控	—	II	
47	长江（金沙江）	御临河	双河口大桥	河流	国控	—	III	
48	长江（金沙江）	御临河	幺滩	河流	国控	II	II	
49	长江（金沙江）	大洪河	岗架大桥	河流	国控	—	III	
50	长江（金沙江）	大洪河	黎家乡崔家岩村	河流	国控	III	III	
51	长江（金沙江）	南河	巫山乡	河流	国控	—	II	
52	长江（金沙江）	任河	白杨溪电站	河流	国控	—	II	
53	雅砻江	干流	长须干马乡	河流	国控	—	II	
54	雅砻江	干流	呷拉乡雅砻江	河流	省控	—	II	
55	雅砻江	干流	雅江县城上游	河流	国控	—	I	
56	雅砻江	干流	柏枝	河流	国控	I	I	
57	雅砻江	干流	二滩	河流	省控	—	I	
58	雅砻江	干流	雅砻江口	河流	国控	I	I	
59	雅砻江	霍曲河	雄龙西沟霍曲河	河流	省控	—	II	
60	雅砻江	鲜水河	仁达乡水电站	河流	国控	—	II	
61	雅砻江	鲜水河	鲜水河	河流	省控	—	II	
62	雅砻江	格西沟	雅江县318国道	河流	省控	—	II	
63	雅砻江	理塘河	雄坝乡无量河大桥	河流	国控	—	II	
64	雅砻江	理塘河	理塘河入境	河流	省控	—	I	
65	雅砻江	卧落河	卧落河入境	河流	国控	—	II	

序号	所属流域	河流/湖库	断面名称	水体类型	断面级别	上年类别	本年类别	污染指标
66	雅砻江	九龙河	乃渠乡水打坝	河流	国控	—	I	
67	雅砻江	泸沽湖	泸沽湖湖心	湖库	国控	I	I	
68	雅砻江	二滩水库	红壁滩下	湖库	省控	—	II	
69	安宁河	干流	大桥水库	河流	国控	—	II	
70	安宁河	干流	黄土坡吊桥	河流	省控	—	II	
71	安宁河	干流	阿七大桥	河流	国控	II	II	
72	安宁河	干流	昔街大桥	河流	国控	II	II	
73	安宁河	干流	湾滩电站	河流	国控	—	II	
74	安宁河	孙水河	冕山镇新桥村	河流	国控	—	II	
75	安宁河	邛海	邛海湖心	湖库	国控	II	II	
76	赤水河	干流	清池	河流	国控	—	II	
77	赤水河	干流	醒觉溪	河流	国控	II	II	
78	赤水河	古蔺河	太平渡	河流	国控	—	III	
79	赤水河	大同河	两汇水	河流	国控	—	II	
80	岷江	干流	镇平乡	河流	国控	—	II	
81	岷江	干流	渭门桥	河流	国控	I	I	
82	岷江	干流	牟托	河流	省控	—	II	
83	岷江	干流	映秀	河流	省控	—	II	
84	岷江	干流	都江堰水文站	河流	国控	I	I	
85	岷江	干流	岷江渡	河流	省控	—	II	
86	岷江	干流	刘家壕	河流	省控	—	II	
87	岷江	干流	岳店子下	河流	国控	III	III	
88	岷江	干流	彭山岷江大桥	河流	国控	II	III	
89	岷江	干流	岷江彭东交界	河流	省控	—	III	
90	岷江	干流	岷江东青交界	河流	国控	—	III	
91	岷江	干流	悦来渡口	河流	国控	III	II	
92	岷江	干流	岷江青衣坝	河流	国控	—	II	
93	岷江	干流	岷江沙咀	河流	国控	—	III	
94	岷江	干流	月波	河流	国控	II	III	
95	岷江	干流	麻柳坝	河流	省控	—	III	
96	岷江	干流	鹰嘴岩	河流	省控	—	III	
97	岷江	干流	凉姜沟	河流	国控	III	III	
98	岷江	黑水河	色尔古乡	河流	国控	—	II	
99	岷江	杂谷脑河	五里界牌	河流	国控	—	II	

续附表4

序号	所属流域	河流/湖库	断面名称	水体类型	断面级别	上年类别	本年类别	污染指标
100	岷江	寿溪河	寿溪水磨	河流	省控	—	Ⅱ	
101	岷江	泊江河	安龙桥	河流	省控	—	Ⅱ	
102	岷江	西河	泗江堰	河流	国控	—	Ⅱ	
103	岷江	江安河	共耕	河流	省控	—	Ⅱ	
104	岷江	江安河	二江寺	河流	国控	Ⅲ	Ⅲ	
105	岷江	走马河	花园	河流	省控	—	Ⅱ	
106	岷江	清水河	永宁	河流	国控	—	Ⅱ	
107	岷江	南河	百花大桥	河流	省控	—	Ⅲ	
108	岷江	柏条河	金马	河流	省控	—	Ⅱ	
109	岷江	府河	罗家村	河流	省控	—	Ⅱ	
110	岷江	府河	高桥	河流	国控	—	Ⅱ	
111	岷江	府河	永安大桥	河流	省控	—	Ⅲ	
112	岷江	府河	黄龙溪	河流	国控	Ⅲ	Ⅲ	
113	岷江	东风渠	十陵	河流	省控	—	Ⅱ	
114	岷江	东风渠	罗家河坝	河流	省控	—	Ⅱ	
115	岷江	东风渠	天府新区出境	河流	省控	—	Ⅱ	
116	岷江	东风渠	东风桥	河流	省控	—	Ⅱ	
117	岷江	新津南河	黄塔	河流	省控	—	Ⅲ	
118	岷江	新津南河	老南河大桥	河流	省控	—	Ⅲ	
119	岷江	斜江河	唐场大桥	河流	省控	—	Ⅲ	
120	岷江	出江河	桑园	河流	国控	—	Ⅱ	
121	岷江	蒲江河	两合水	河流	国控	—	Ⅲ	
122	岷江	蒲江河	五星	河流	省控	—	Ⅲ	
123	岷江	临溪河	团结堰	河流	国控	—	Ⅱ	
124	岷江	毛河	桥江桥	河流	省控	—	Ⅲ	
125	岷江	体泉河	体泉河口	河流	省控	—	Ⅳ	总磷（0.1）
126	岷江	丹棱河	思蒙河丹东交界	河流	省控	—	Ⅲ	
127	岷江	思蒙河	思蒙河口	河流	省控	—	Ⅲ	
128	岷江	金牛河	金牛河口	河流	省控	—	Ⅲ	
129	岷江	茫溪河	茫溪大桥	河流	省控	—	Ⅳ	总磷（0.04）
130	岷江	马边河	马边河鼓儿滩吊桥	河流	省控	—	Ⅲ	
131	岷江	马边河	马边河河口	河流	国控	Ⅱ	Ⅱ	

序号	所属流域	河流/湖库	断面名称	水体类型	断面级别	上年类别	本年类别	污染指标
132	岷江	沐溪河	沐溪河穿山坳	河流	省控	—	Ⅱ	
133	岷江	龙溪河	龙溪河河口	河流	省控	—	Ⅱ	
134	岷江	越溪河	越溪镇	河流	国控	—	Ⅰ	
135	岷江	越溪河	于佳乡黄龙桥	河流	国控	—	Ⅳ	化学需氧量（0.08）
136	岷江	越溪河	越溪河两河口	河流	国控	Ⅲ	Ⅱ	
137	岷江	越溪河	越溪河口	河流	国控	—	Ⅱ	
138	岷江	紫坪铺水库	跨库大桥	湖库	省控	—	Ⅱ	
139	岷江	黑龙潭水库	龙庙	湖库	省控	—	Ⅱ	
140	大渡河（大金川河）	大渡河	集沐乡周山村点	河流	省控	—	Ⅱ	
141	大渡河（大金川河）	大金川河	马尔邦碉王山庄	河流	国控	Ⅰ	Ⅰ	
142	大渡河（大金川河）	大渡河	聂呷乡佛爷岩	河流	省控	—	Ⅱ	
143	大渡河（大金川河）	大渡河	鸳鸯坝	河流	省控	—	Ⅱ	
144	大渡河（大金川河）	大渡河	大岗山	河流	国控	Ⅰ	Ⅰ	
145	大渡河（大金川河）	大渡河	石棉丰乐乡三星村	河流	省控	—	Ⅱ	
146	大渡河（大金川河）	大渡河	三谷庄	河流	国控	Ⅰ	Ⅰ	
147	大渡河（大金川河）	大渡河	宜坪	河流	省控	—	Ⅱ	
148	大渡河（大金川河）	大渡河	芝麻凼	河流	省控	—	Ⅱ	
149	大渡河（大金川河）	大渡河	安谷电站大坝	河流	省控	—	Ⅱ	
150	大渡河（大金川河）	大渡河	李码头	河流	国控	Ⅱ	Ⅱ	
151	大渡河（大金川河）	阿柯河	茸安乡	河流	国控	—	Ⅱ	
152	大渡河（大金川河）	则曲河	茸木达乡	河流	省控	—	Ⅱ	
153	大渡河（大金川河）	梭磨河	新康猫大桥	河流	省控	—	Ⅱ	

序号	所属流域	河流/湖库	断面名称	水体类型	断面级别	上年类别	本年类别	污染指标
154	大渡河（大金川河）	梭磨河	小水沟	河流	国控	I	I	
155	大渡河（大金川河）	绰斯甲河	蒲西乡	河流	国控	—	II	
156	大渡河（大金川河）	色曲河	歌乐沱乡色曲河	河流	国控	—	II	
157	大渡河（大金川河）	小金川河	新格乡松矾砂石场	河流	国控	—	II	
158	大渡河（大金川河）	尼日河	梅花乡巴姑村	河流	省控	—	II	
159	大渡河（大金川河）	尼日河	尼日河甘洛出境	河流	国控	—	II	
160	大渡河（大金川河）	峨眉河	峨眉河曾河坝	河流	省控	—	III	
161	大渡河（大金川河）	瀑布沟	青富	湖库	省控	—	III	
162	青衣江	干流	多营	河流	省控	—	II	
163	青衣江	干流	龟都府	河流	国控	II	II	
164	青衣江	干流	木城镇	河流	国控	II	II	
165	青衣江	干流	姜公堰	河流	国控	II	II	
166	青衣江	宝兴河	灵鹫塔	河流	国控	—	II	
167	青衣江	天全河	天全河两河口	河流	国控	—	II	
168	青衣江	荥经河	槐子坝	河流	国控	—	II	
169	青衣江	周公河	葫芦坝电站	河流	国控	—	II	
170	沱江	干流	三皇庙	河流	省控	—	III	
171	沱江	干流	宏缘	河流	国控	III	III	
172	沱江	干流	临江寺	河流	省控	—	III	
173	沱江	干流	拱城铺渡口	河流	国控	III	III	
174	沱江	干流	幸福村（河东元坝）	河流	国控	III	III	
175	沱江	干流	银山镇	河流	国控	—	III	
176	沱江	干流	高寺渡口	河流	省控	—	III	
177	沱江	干流	脚仙村	河流	国控	III	III	
178	沱江	干流	老翁桥	河流	国控	—	III	
179	沱江	干流	李家湾	河流	国控	III	III	
180	沱江	干流	大磨子	河流	国控	III	III	

续附表4

序号	所属流域	河流/湖库	断面名称	水体类型	断面级别	上年类别	本年类别	污染指标
181	沱江	干流	沱江大桥	河流	国控	Ⅲ	Ⅲ	
182	沱江	小石河	罗万场下	河流	国控	—	Ⅱ	
183	沱江	鸭子河	红庙子	河流	省控	—	Ⅱ	
184	沱江	鸭子河	三川	河流	国控	Ⅲ	Ⅲ	
185	沱江	石亭江	双江桥	河流	国控	Ⅲ	Ⅲ	
186	沱江	射水河	马射汇合	河流	省控	—	Ⅲ	
187	沱江	绵远河	清平	河流	国控	—	Ⅰ	
188	沱江	绵远河	红岩寺	河流	国控	—	Ⅱ	
189	沱江	绵远河	八角	河流	国控	Ⅲ	Ⅲ	
190	沱江	北河	201医院	河流	国控	Ⅲ	Ⅲ	
191	沱江	毗河	新毗大桥	河流	省控	—	Ⅱ	
192	沱江	毗河	拦河堰	河流	省控	—	Ⅲ	
193	沱江	毗河	毗河二桥	河流	国控	—	Ⅲ	
194	沱江	蒲阳河	驾虹	河流	省控	—	Ⅱ	
195	沱江	青白江	成彭高速路桥	河流	省控	—	Ⅱ	
196	沱江	青白江	三邑大桥	河流	国控	Ⅱ	Ⅱ	
197	沱江	中河	清江桥	河流	国控	—	Ⅲ	
198	沱江	富顺河	碾子湾村	河流	国控	—	Ⅳ	化学需氧量（0.14）
199	沱江	绛溪河	爱民桥	河流	省控	—	Ⅲ	
200	沱江	阳化河	红日河大桥	河流	国控	—	Ⅳ	化学需氧量（0.01）
201	沱江	阳化河	巷子口	河流	省控	—	Ⅲ	
202	沱江	环溪河	兰家桥	河流	省控	—	Ⅳ	化学需氧量（0.15）
203	沱江	索溪河	谢家桥	河流	国控	—	Ⅲ	
204	沱江	小阳化河	万安桥	河流	省控	—	Ⅳ	化学需氧量（0.05）
205	沱江	九曲河	九曲河大桥	河流	省控	—	Ⅲ	
206	沱江	球溪河	发轮河口	河流	国控	—	Ⅲ	
207	沱江	球溪河	球溪河口	河流	国控	Ⅲ	Ⅲ	
208	沱江	大濛溪河	肖家鼓堰码头	河流	省控	—	Ⅲ	

序号	所属流域	河流/湖库	断面名称	水体类型	断面级别	上年类别	本年类别	污染指标
209	沱江	大濛溪河	汪家坝	河流	省控	—	Ⅲ	
210	沱江	大濛溪河	牛桥（民心桥）	河流	国控	—	Ⅲ	
211	沱江	小濛溪河	资安桥	河流	国控	—	Ⅳ	化学需氧量（0.11）
212	沱江	大清流河	永福	河流	国控	—	Ⅲ	
213	沱江	大清流河	李家碥	河流	国控	—	Ⅲ	
214	沱江	大清流河	小河口大桥	河流	国控	—	Ⅲ	
215	沱江	小清流河	韦家湾	河流	省控	—	Ⅲ	
216	沱江	釜溪河	双河口	河流	省控	—	Ⅳ	化学需氧量（0.03）
217	沱江	釜溪河	碳研所	河流	国控	Ⅳ	Ⅲ	
218	沱江	釜溪河	宋渡大桥	河流	国控	—	Ⅲ	
219	沱江	威远河	廖家堰	河流	国控	Ⅲ	Ⅲ	
220	沱江	旭水河	叶家滩	河流	国控	—	Ⅲ	
221	沱江	旭水河	雷公滩	河流	省控	—	Ⅲ	
222	沱江	濑溪河	官渡大桥	河流	省控	—	Ⅲ	
223	沱江	濑溪河	胡市大桥	河流	国控	Ⅲ	Ⅲ	
224	沱江	高升河	红光村	河流	国控	—	Ⅲ	
225	沱江	隆昌河	九曲河	河流	国控	—	Ⅳ	高锰酸盐指数(0.12)、化学需氧量（0.1）
226	沱江	三岔湖	库中测点	湖库	省控	—	Ⅱ	
227	沱江	老鹰水库	吉乐村	湖库	省控	—	Ⅲ	
228	沱江	葫芦口水库	葫芦口水库	湖库	国控	—	Ⅱ	
229	沱江	双溪水库	起水站	湖库	省控	—	Ⅱ	
230	嘉陵江	干流	元西村	河流	国控	—	Ⅱ	
231	嘉陵江	干流	上石盘	河流	国控	Ⅰ	Ⅰ	
232	嘉陵江	干流	红岩	河流	省控	—	Ⅱ	
233	嘉陵江	干流	金银渡（张家岩）	河流	省控	—	Ⅱ	
234	嘉陵江	干流	沙溪	河流	国控	Ⅰ	Ⅰ	
235	嘉陵江	干流	麻柳包	河流	国控	—	Ⅱ	
236	嘉陵江	干流	新政电站	河流	国控	—	Ⅱ	

序号	所属流域	河流/湖库	断面名称	水体类型	断面级别	上年类别	本年类别	污染指标
237	嘉陵江	干流	金溪电站	河流	国控	Ⅱ	Ⅱ	
238	嘉陵江	干流	伍嘉码头	河流	国控	—	Ⅱ	
239	嘉陵江	干流	小渡口	河流	国控	—	Ⅱ	
240	嘉陵江	干流	烈面	河流	国控	Ⅱ	Ⅱ	
241	嘉陵江	干流	金子	河流	国控	Ⅱ	Ⅱ	
242	嘉陵江	南河	荣山	河流	省控	—	Ⅱ	
243	嘉陵江	南河	南渡	河流	国控	Ⅰ	Ⅰ	
244	嘉陵江	白龙江	郎木寺	河流	国控	—	Ⅱ	
245	嘉陵江	白龙江	迭部	河流	国控	—	Ⅱ	
246	嘉陵江	白龙江	水磨	河流	省控	—	Ⅰ	
247	嘉陵江	白龙江	苴国村	河流	国控	Ⅰ	Ⅰ	
248	嘉陵江	包座河	川甘交界处	河流	省控	—	Ⅱ	
249	嘉陵江	白水江	县城马踏石点	河流	国控	Ⅰ	Ⅰ	
250	嘉陵江	白河	九寨沟	河流	国控	—	Ⅱ	
251	嘉陵江	清江河	五仙庙	河流	国控	—	Ⅱ	
252	嘉陵江	清江河	石羊村	河流	省控	—	Ⅱ	
253	嘉陵江	青竹江	竹园镇阳泉坝	河流	国控	—	Ⅰ	
254	嘉陵江	白龙河	花石包	河流	省控	—	Ⅱ	
255	嘉陵江	东河	喻家咀	河流	省控	—	Ⅱ	
256	嘉陵江	东河	清泉乡（文成镇）	河流	国控	Ⅱ	Ⅱ	
257	嘉陵江	插江	卫子河	河流	省控	—	Ⅱ	
258	嘉陵江	构溪河	三合场	河流	国控	—	Ⅱ	
259	嘉陵江	西河	升钟水库铁炉寺	河流	国控	Ⅱ	Ⅱ	
260	嘉陵江	西河	西河村	河流	国控	—	Ⅱ	
261	嘉陵江	西充河	彩虹桥（拉拉渡）	河流	省控	—	Ⅲ	
262	嘉陵江	西溪河	西阳寺	河流	省控	—	Ⅲ	
263	嘉陵江	长滩寺河	郭家坝	河流	省控	—	Ⅳ	总磷（0.07）
264	嘉陵江	南溪河	摇金	河流	国控	—	Ⅲ	
265	嘉陵江	白龙湖	坝前	湖库	省控	—	Ⅱ	
266	嘉陵江	升钟水库	李家坝	湖库	省控	—	Ⅱ	
267	渠江	南江河	元潭	河流	国控	—	Ⅱ	
268	渠江	巴河	手傍岩	河流	国控	Ⅱ	Ⅱ	

序号	所属流域	河流/湖库	断面名称	水体类型	断面级别	上年类别	本年类别	污染指标
269	渠江	巴河	金碑	河流	国控	—	Ⅱ	
270	渠江	巴河	江陵	河流	国控	Ⅱ	Ⅱ	
271	渠江	巴河	排马梯	河流	省控	—	Ⅱ	
272	渠江	巴河	清河坝	河流	省控	—	Ⅱ	
273	渠江	巴河	大蹬沟	河流	国控	Ⅱ	Ⅱ	
274	渠江	渠江	团堡岭	河流	国控	Ⅱ	Ⅱ	
275	渠江	渠江	涌溪	河流	省控	—	Ⅲ	
276	渠江	渠江	化龙乡渠河村	河流	国控	—	Ⅱ	
277	渠江	渠江	码头	河流	国控	Ⅱ	Ⅱ	
278	渠江	恩阳河	拱桥河	河流	国控	—	Ⅱ	
279	渠江	恩阳河	雷破石	河流	省控	—	Ⅱ	
280	渠江	恩阳河	小元村	河流	省控	—	Ⅱ	
281	渠江	大坝河	鳌溪	河流	省控	—	Ⅲ	
282	渠江	驷马河	徐家河	河流	省控	—	Ⅲ	
283	渠江	通江	纳溪口	河流	国控	—	Ⅱ	
284	渠江	月潭河	苟家湾	河流	国控	—	Ⅱ	
285	渠江	小通江	邹家坝	河流	国控	—	Ⅱ	
286	渠江	渐滩河	园门	河流	国控	—	Ⅱ	
287	渠江	州河	张鼓坪	河流	省控	—	Ⅱ	
288	渠江	州河	车家河	河流	国控	Ⅱ	Ⅱ	
289	渠江	州河	白鹤山（水井湾）	河流	省控	—	Ⅲ	
290	渠江	州河	舵石盘	河流	国控	Ⅱ	Ⅱ	
291	渠江	后河	漩坑坝	河流	国控	—	Ⅱ	
292	渠江	明月江	葫芦电站	河流	省控	—	Ⅲ	
293	渠江	明月江	李家渡	河流	国控	—	Ⅲ	
294	渠江	任市河	联盟桥	河流	国控	—	Ⅲ	
295	渠江	新宁河	大石堡平桥	河流	省控	—	Ⅳ	总磷（0.3）、氨氮(0.02)
296	渠江	铜钵河	上河坝	河流	国控	—	Ⅲ	
297	渠江	平滩河	牛角滩	河流	国控	—	Ⅳ	总磷（0.08）、氨氮(0.04)
298	渠江	石桥河	凌家桥	河流	省控	—	Ⅲ	

序号	所属流域	河流/湖库	断面名称	水体类型	断面级别	上年类别	本年类别	污染指标
299	渠江	东柳河	墩子河	河流	省控	—	Ⅳ	总磷（0.07）
300	渠江	流江河	开源村	河流	省控	—	Ⅲ	
301	渠江	流江河	白兔乡	河流	国控	Ⅲ	Ⅲ	
302	渠江	清溪河	双龙桥	河流	省控	—	Ⅲ	
303	渠江	华蓥河	黄桷	河流	国控	—	Ⅱ	
304	涪江	干流	平武水文站	河流	国控	Ⅰ	Ⅰ	
305	涪江	干流	楼房沟	河流	国控	—	Ⅱ	
306	涪江	干流	福田坝	河流	国控	Ⅱ	Ⅰ	
307	涪江	干流	丰谷	河流	国控	Ⅱ	Ⅱ	
308	涪江	干流	百顷	河流	国控	Ⅱ	Ⅱ	
309	涪江	干流	红江渡口	河流	国控	—	Ⅱ	
310	涪江	干流	玉溪	河流	国控	Ⅱ	Ⅱ	
311	涪江	平通河	平通镇	河流	省控	—	Ⅱ	
312	涪江	平通河	沙窝子大桥	河流	省控	—	Ⅱ	
313	涪江	通口河	北川通口	河流	国控	Ⅰ	Ⅰ	
314	涪江	土门河	北川墩上	河流	省控	—	Ⅱ	
315	涪江	安昌河	板凳桥	河流	省控	—	Ⅱ	
316	涪江	安昌河	安州区界牌	河流	省控	—	Ⅱ	
317	涪江	安昌河	饮马桥	河流	省控	—	Ⅱ	
318	涪江	凯江	松花村	河流	国控	—	Ⅱ	
319	涪江	凯江	凯江村大桥	河流	省控	—	Ⅲ	
320	涪江	凯江	西平镇	河流	国控	Ⅲ	Ⅲ	
321	涪江	凯江	老南桥	河流	省控	—	Ⅲ	
322	涪江	秀水河	双堰村	河流	国控	—	Ⅱ	
323	涪江	梓江	先锋桥	河流	省控	—	Ⅱ	
324	涪江	梓江	垢家渡	河流	省控	—	Ⅲ	
325	涪江	梓江	天仙镇大佛寺渡口	河流	国控	—	Ⅲ	
326	涪江	梓江	梓江大桥	河流	国控	Ⅱ	Ⅱ	
327	涪江	郪江	象山	河流	国控	Ⅲ	Ⅲ	
328	涪江	郪江	郪江口	河流	国控	—	Ⅲ	
329	涪江	芝溪河	涪山坝	河流	省控	—	Ⅳ	总磷（0.32）

序号	所属流域	河流/湖库	断面名称	水体类型	断面级别	上年类别	本年类别	污染指标
330	涪江	坛罐窑河	白鹤桥	河流	省控	—	IV	化学需氧量（0.19）、高锰酸盐指数(0.12)
331	涪江	鲁班水库	鲁班岛	湖库	国控	II	III	
332	涪江	沉抗水库	沉抗水库	湖库	省控	—	II	
333	琼江	干流	跑马滩（新）	河流	国控	III	III	
334	琼江	干流	大安（光辉）	河流	国控	III	III	
335	琼江	蟠龙河	元坝子	河流	国控	—	III	
336	琼江	姚市河	白沙	河流	国控	—	IV	化学需氧量（0.04）
337	琼江	龙台河	两河	河流	国控	—	III	
338	黄河	干流	玛曲	河流	国控	II	II	
339	黄河	贾曲河	贾柯牧场	河流	省控	—	II	
340	黄河	白河	切拉塘	河流	省控	—	II	
341	黄河	白河	唐克	河流	国控	—	II	
342	黄河	黑河	若尔盖	河流	国控	—	II	
343	黄河	黑河	大水	河流	省控	—	III	

附表5　2021年四川省21个市（州）城市区域声环境质量监测结果

城市名称	网格覆盖面积（km²）	有效测点数（个）	昼间等效声级dB(A)	质量状况
成都市	1262.50	202	57.0	一般
自贡市	105.00	105	53.5	较好
攀枝花市	65.49	155	52.6	较好
泸州市	128.00	128	53.5	较好
德阳市	110.16	136	54.8	较好
绵阳市	107.52	168	55.1	一般
广元市	36.25	145	55.1	一般
遂宁市	143.37	177	54.9	较好
内江市	85.05	105	57.3	一般
乐山市	43.25	173	56.4	一般
南充市	149.00	149	56.8	一般
宜宾市	136.00	136	54.9	较好
广安市	50.96	104	54.8	较好
达州市	106.00	106	54.7	较好
巴中市	12.72	203	56.2	一般
雅安市	12.63	202	51.6	较好
眉山市	85.05	105	53.8	较好
资阳市	8.16	204	51.9	较好
马尔康市	12.80	20	51.0	较好
康定市	0.04	15	52.2	较好
西昌市	25.00	100	53.1	较好
全省	2684.95	2838	55.8	一般

附表6 2021年四川省21个市（州）城市道路交通声环境质量监测结果

城市名称	监测总长度（km）	超过70分贝路长（km）	超标比例（%）	昼间等效声级dB(A)	质量状况
成都市	663.65	115.70	17.4	68.3	较好
自贡市	127.68	37.08	29.0	68.7	较好
攀枝花市	167.40	125.80	75.1	71.7	一般
泸州市	156.80	78.30	49.9	69.1	较好
德阳市	155.85	19.00	12.2	66.9	好
绵阳市	179.64	54.76	30.5	68.7	较好
广元市	66.47	24.81	37.3	68.8	较好
遂宁市	76.80	0	0.0	62.0	好
内江市	170.41	34.51	20.3	67.5	好
乐山市	72.77	7.42	10.2	66.2	好
南充市	57.28	13.93	24.3	67.2	好
宜宾市	204.17	54.69	26.8	68.0	好
广安市	44.60	0	0.0	65.6	好
达州市	212.60	115.60	54.4	69.0	较好
巴中市	24.27	12.64	52.1	70.1	一般
雅安市	5.01	1.18	23.6	67.4	好
眉山市	45.23	0.60	1.3	60.0	好
资阳市	24.81	5.71	23.0	68.4	较好
马尔康市	41.80	0	0.0	64.0	好
康定市	0.62	0	0.0	54.3	好
西昌市	32.67	0	0.0	66.4	好
全省	2530.53	701.73	27.7	68.0	好

附表7　2021年四川省21个市（州）城市功能区声环境质量监测点次达标率统计

单位：%

城市名称	1类区		2类区		3类区		4类区		昼间合计	夜间合计
	昼	夜	昼	夜	昼	夜	昼	夜		
成都市	75.0	66.7	97.5	82.5	97.5	67.5	84.1	52.3	91.2	66.9
自贡市	100.0	75.0	100.0	94.4	100.0	100.0	100.0	100.0	100.0	95.0
攀枝花市	100.0	75.0	100.0	75.0	100.0	91.7	100.0	33.3	100.0	67.5
泸州市	100.0	100.0	96.4	85.7	93.8	100.0	100.0	25.0	96.7	78.3
德阳市	25.0	25.0	100.0	83.3	100.0	100.0	100.0	87.5	92.5	85.0
绵阳市	100.0	100.0	100.0	100.0	100.0	100.0	100.0	0.0	100.0	86.7
广元市	100.0	100.0	100.0	91.7	100.0	75.0	100.0	25.0	100.0	71.4
遂宁市	100.0	100.0	100.0	100.0	100.0	100.0	100.0	87.5	100.0	97.7
内江市	100.0	100.0	100.0	83.3	100.0	100.0	100.0	50.0	100.0	85.0
乐山市	87.5	62.5	100.0	100.0	100.0	100.0	100.0	50.0	96.4	75.0
南充市	91.7	66.7	87.5	83.3	100.0	83.3	100.0	75.0	93.3	78.3
宜宾市	100.0	100.0	100.0	100.0	100.0	93.8	75.0	60.0	92.2	85.9
广安市	100.0	100.0	100.0	100.0	无	无	100.0	100.0	100.0	100.0
达州市	100.0	100.0	100.0	87.5	100.0	100.0	100.0	12.5	100.0	81.7
巴中市	100.0	100.0	100.0	100.0	100.0	100.0	100.0	100.0	100.0	100.0
雅安市	100.0	100.0	100.0	100.0	100.0	100.0	100.0	100.0	100.0	100.0
眉山市	100.0	100.0	100.0	100.0	100.0	87.5	100.0	12.5	100.0	75.0
资阳市	100.0	100.0	75.0	100.0	100.0	100.0	100.0	75.0	90.0	95.0
马尔康市	100.0	91.7	100.0	100.0	无	无	100.0	100.0	100.0	95.8
康定市	无	无	100.0	100.0	无	无	无	无	100.0	100.0
西昌市	100.0	100.0	100.0	100.0	无	无	100.0	100.0	100.0	100.0
全省	93.9	87.1	98.1	91.9	99.0	90.7	94.2	57.7	96.8	83.1

附表8　2021年四川省183个县域生态环境状况指数（EI）及变化情况（△EI）统计

市（州）	县（市、区）	EI值	EI值分级	△EI（2020—2021年）	市（州）	县（市、区）	EI值	EI值分级	△EI（2020—2021年）
成都市	锦江区	47.8	一般	2.0	泸州市	古蔺县	72.8	良	0.8
成都市	青羊区	45.8	一般	1.3	德阳市	旌阳区	61.1	良	0.3
成都市	金牛区	45.3	一般	1.7	德阳市	罗江区	63.6	良	0.3
成都市	武侯区	41.3	一般	1.8	德阳市	中江县	63.6	良	−0.2
成都市	成华区	46.6	一般	2.2	德阳市	广汉市	57.9	良	−0.3
成都市	龙泉驿区	58.6	良	2.3	德阳市	什邡市	70.8	良	0.1
成都市	青白江区	57.1	良	1.6	德阳市	绵竹市	72.2	良	−0.8
成都市	新都区	56.0	良	0.8	绵阳市	涪城区	59.3	良	−0.1
成都市	温江区	59.7	良	1.1	绵阳市	游仙区	66.2	良	0.0
成都市	双流区	58.4	良	2.1	绵阳市	安州区	71.5	良	−0.7
成都市	郫都区	57.4	良	0.7	绵阳市	三台县	67.2	良	−0.4
成都市	新津区	62.9	良	1.2	绵阳市	盐亭县	69.7	良	−0.3
成都市	金堂县	61.0	良	1.3	绵阳市	梓潼县	69.9	良	−0.5
成都市	大邑县	79.7	优	1.2	绵阳市	北川羌族自治县	76.3	优	−0.2
成都市	蒲江县	63.9	良	1.5	绵阳市	平武县	76.9	优	−0.1
成都市	都江堰市	77.4	优	1.5	绵阳市	江油市	75.2	优	0.2
成都市	彭州市	72.7	良	1.6	广元市	利州区	78.2	优	0.3
成都市	邛崃市	74.4	良	1.5	广元市	昭化区	77.1	优	0.9
成都市	崇州市	74.2	良	1.3	广元市	朝天区	75.9	优	0.9
成都市	简阳市	63.8	良	0.8	广元市	旺苍县	83.2	优	0.9
自贡市	自流井区	59.8	良	0.3	广元市	青川县	84.6	优	0.9
自贡市	贡井区	61.7	良	0.1	广元市	剑阁县	76.8	优	1.2
自贡市	大安区	58.9	良	0.1	广元市	苍溪县	71.6	良	0.8
自贡市	沿滩区	60.2	良	−0.4	遂宁市	船山区	57.6	良	0.0
自贡市	荣县	66.7	良	0.2	遂宁市	安居区	60.9	良	0.2
自贡市	富顺县	66.5	良	−0.1	遂宁市	蓬溪县	66.8	良	0.3
攀枝花市	东区	54.3	一般	3.6	遂宁市	大英县	61.2	良	−0.2
攀枝花市	西区	57.8	良	1.0	遂宁市	射洪市	67.1	良	0.0
攀枝花市	仁和区	67.0	良	1.8	内江市	内江市中区	58.8	良	0.7
攀枝花市	米易县	77.4	优	0.5	内江市	东兴区	63.4	良	0.8
攀枝花市	盐边县	74.8	良	1.3	内江市	威远县	66.4	良	1.0
泸州市	江阳区	60.5	良	−1.2	内江市	资中县	61.0	良	0.9
泸州市	纳溪区	74.6	良	−0.8	内江市	隆昌市	63.4	良	0.0

市（州）	县（市、区）	EI值	EI值分级	ΔEI（2020—2021年）	市（州）	县（市、区）	EI值	EI值分级	ΔEI（2020—2021年）
泸州市	龙马潭区	60.1	良	-0.9	乐山市	乐山市中区	74.4	良	1.2
泸州市	泸县	66.1	良	-0.9	乐山市	沙湾区	79.1	优	0.1
泸州市	合江县	76.9	优	-0.4	乐山市	五通桥区	72.3	良	0.9
泸州市	叙永县	76.7	优	-0.2	乐山市	金口河区	89.7	优	0.2
乐山市	峨眉山市	78.8	优	0.9	巴中市	巴州区	72.7	良	0.4
乐山市	犍为县	74.3	良	0.6	巴中市	恩阳区	68.8	良	0.5
乐山市	井研县	69.8	良	1.3	巴中市	通江县	70.8	良	0.3
乐山市	夹江县	75.9	优	1.3	巴中市	南江县	81.9	优	0.5
乐山市	沐川县	83.1	优	0.7	巴中市	平昌县	71.0	良	0.6
乐山市	峨边彝族自治县	84.8	优	0.0	雅安市	雨城区	85.1	优	0.6
乐山市	马边彝族自治县	83.2	优	0.7	雅安市	名山区	70.4	良	1.1
南充市	顺庆区	63.0	良	1.0	雅安市	石棉县	83.2	优	0.8
南充市	高坪区	67.2	良	1.2	雅安市	天全县	88.1	优	0.8
南充市	嘉陵区	66.1	良	1.4	雅安市	芦山县	87.8	优	1.8
南充市	南部县	68.5	良	0.9	雅安市	宝兴县	85.1	优	1.4
南充市	营山县	66.4	良	1.0	雅安市	荥经县	90.7	优	0.3
南充市	蓬安县	67.7	良	1.0	雅安市	汉源县	77.8	优	0.3
南充市	仪陇县	70.2	良	0.6	眉山市	东坡区	63.6	良	1.0
南充市	西充县	69.1	良	1.2	眉山市	彭山区	65.7	良	0.5
南充市	阆中市	71.7	良	0.9	眉山市	仁寿县	68.7	良	0.7
宜宾市	翠屏区	66.1	良	0.7	眉山市	洪雅县	83.9	优	-0.5
宜宾市	南溪区	65.4	良	0.9	眉山市	丹棱县	69.6	良	0.8
宜宾市	叙州区	74.0	良	2.0	眉山市	青神县	72.0	良	1.1
宜宾市	江安县	73.2	良	1.1	资阳市	雁江区	59.0	良	0.6
宜宾市	长宁县	75.9	优	1.1	资阳市	安岳县	61.5	良	0.7
宜宾市	高县	71.5	良	1.0	资阳市	乐至县	63.1	良	0.4
宜宾市	珙县	73.7	良	1.6	阿坝州	马尔康市	73.6	良	-0.2
宜宾市	筠连县	73.0	良	1.3	阿坝州	汶川县	75.0	优	1.0
宜宾市	兴文县	76.8	优	1.6	阿坝州	理县	66.2	良	-0.6
宜宾市	屏山县	77.7	优	1.5	阿坝州	茂县	75.5	优	-0.2
广安市	广安区	65.4	良	0.6	凉山州	宁南县	68.4	良	-0.1
广安市	前锋区	66.9	良	0.9	凉山州	普格县	72.0	良	0.3

市（州）	县（市、区）	EI值	EI值分级	ΔEI（2020—2021年）	市（州）	县（市、区）	EI值	EI值分级	ΔEI（2020—2021年）
广安市	岳池县	65.2	良	0.8	凉山州	布拖县	68.8	良	0.2
广安市	武胜县	69.0	良	1.4	凉山州	金阳县	68.8	良	−0.3
广安市	邻水县	70.7	良	0.9	凉山州	昭觉县	71.5	良	0.1
广安市	华蓥市	72.3	良	1.2	凉山州	喜德县	74.1	良	0.6
达州市	通川区	69.8	良	0.4	凉山州	冕宁县	77.7	优	0.2
达州市	达川区	69.9	良	0.2	凉山州	越西县	74.1	良	0.2
达州市	宣汉县	77.1	优	0.3	凉山州	甘洛县	76.1	优	0.7
达州市	开江县	70.2	良	0.1	凉山州	美姑县	74.5	良	0.0
达州市	大竹县	71.4	良	0.3	凉山州	雷波县	77.8	优	0.4
达州市	渠县	64.9	良	0.2	阿坝州	松潘县	70.4	良	−0.2
达州市	万源市	76.8	优	0.1	阿坝州	九寨沟县	73.8	良	0.0
甘孜州	雅江县	69.4	良	0.4	阿坝州	金川县	72.6	良	−0.4
甘孜州	道孚县	71.6	良	0.5	阿坝州	小金县	66.5	良	−0.7
甘孜州	炉霍县	71.8	良	0.6	阿坝州	黑水县	70.0	良	−0.6
甘孜州	甘孜县	66.2	良	0.6	阿坝州	壤塘县	70.5	良	0.0
甘孜州	新龙县	70.0	良	0.6	阿坝州	阿坝县	72.0	良	−0.3
甘孜州	德格县	70.8	良	0.5	阿坝州	若尔盖县	72.2	良	−0.5
甘孜州	白玉县	70.5	良	0.7	阿坝州	红原县	71.6	良	−0.4
甘孜州	石渠县	65.4	良	0.8	甘孜州	康定市	69.8	良	0.7
甘孜州	色达县	69.9	良	0.7	甘孜州	泸定县	69.3	良	0.3
甘孜州	理塘县	68.6	良	0.5	甘孜州	丹巴县	73.4	良	0.4
甘孜州	巴塘县	65.7	良	0.7	甘孜州	九龙县	70.6	良	0.1
甘孜州	乡城县	71.4	良	0.8					
甘孜州	稻城县	70.8	良	0.7					
甘孜州	得荣县	73.8	良	0.0					
凉山州	西昌市	73.2	良	0.2					
凉山州	木里藏族自治县	80.6	优	0.2					
凉山州	盐源县	77.1	优	−0.1					
凉山州	德昌县	77.2	优	−0.3					
凉山州	会理市	68.3	良	0.7					
凉山州	会东县	67.8	良	−0.1					

附表9　2021年四川省农村面源污染内梅罗综合指数统计

所属市	县（区）	监测断面名称	断面内梅罗指数	县域内梅罗综合指数	县域水质等级
自贡市	荣县	旭水河叶家滩	2.0	2.1	污染
自贡市	荣县	旭水河高滩	2.2		
自贡市	富顺县	怀德渡口	2.3	2.1	污染
自贡市	富顺县	老娃山	1.8		
攀枝花市	米易县	姚家坝子	1.4	1.6	轻度污染
攀枝花市	米易县	大凹子河坝	1.7		
攀枝花市	江阳区	石柱房水库	1.2	1.3	轻度污染
攀枝花市	江阳区	野猪牙	1.3		
泸州市	泸县	新桥（种植）	1.4	1.3	轻度污染
泸州市	泸县	新桥（养殖）	1.4		
泸州市	泸县	水笛滩	1.0		
泸州市	合江县	赤水河曲坝子	2.3	1.4	轻度污染
泸州市	合江县	白杨溪	0.9		
泸州市	合江县	瑞丰村沙滩子	1.1		
绵阳市	三台县	绿豆河（鲁班镇同民桥下游50米）	1.6	1.6	轻度污染
绵阳市	三台县	永和埝	1.5		
绵阳市	北川羌族自治县	青片乡正河村下游500米青片河断面	0.6	0.6	清洁
绵阳市	平武县	黑水村岩湾社	1.5	1.5	轻度污染
广元市	旺苍县	木门寺大桥	0.9	0.9	清洁
广元市	青川县	木鱼	1.1	1.1	轻度污染
广元市	苍溪县	鼓楼荷花园	0.7	0.7	清洁
遂宁市	船山区	凉水井上游100米	2.1	2.1	污染
遂宁市	大英县	蒋家堰	2.4	2.4	污染
遂宁市	射洪市	龙归寺	5.2	3.9	重污染
遂宁市	射洪市	友兴水厂下游500米	2.5		
内江市	东兴区	柏梨村小竹扁	1.1	1.1	轻度污染
内江市	东兴区	玉泉山村三拱桥	1.1		
内江市	资中县	尖峰村文江渡	2.5	2	污染
内江市	资中县	濛溪口村濛溪河口	1.5		
南充市	西充县	龙滩河（晏家断面）	0.8	0.8	清洁

续附表9

所属市	县（区）	监测断面名称	断面内梅罗指数	县域内梅罗综合指数	县域水质等级
宜宾市	南溪区	江南镇沙嘴上（种植业）	0.9	0.9	清洁
宜宾市	南溪区	江南镇沙嘴上（农村生活）	0.9		
宜宾市	叙州区	观音镇猴板沟	1.4	1.1	轻度污染
宜宾市	叙州区	马鸣溪	0.7		
达州市	宣汉县	清溪河	1.1	2.0	污染
达州市	宣汉县	方斗村小河	2.6		
达州市	宣汉县	双河沟	2.4		
达州市	大竹县	川心村3组（种植）	3.7	3.7	重度污染
达州市	大竹县	川心村3组（养殖）	3.7		
雅安市	石棉县	松林河河口（种植）	0.7	0.7	清洁
雅安市	石棉县	松林河河口（养殖）	0.7		
雅安市	石棉县	松林河河口（农村生活）	0.7		
眉山市	仁寿县	龙水河（棚村村断面）	3.4	2.0	污染
眉山市	仁寿县	元正河（兆嘉小学）	1.7		
眉山市	仁寿县	清水河（观音滩）	1.0		
资阳市	雁江区	河流（沱江）	1.4	1.4	轻度污染
资阳市	安岳县	解放提	1.5	1.9	轻度污染
资阳市	安岳县	双河口	2.2		
资阳市	乐至县	杜家村	1.0	1.3	轻度污染
资阳市	乐至县	清水村	1.6		
凉山州	金阳县	丙底乡打古洛村嘎都日觉组	0.6	0.6	清洁
凉山州	越西县	越西河（滨河路段）	0.9	0.9	清洁

附表10 2021年四川省农村环境状况指数统计

所属市	县（区）	空气分指数	地表水分指数	土壤分指数	千吨万人饮用水分指数	生活污水处理设施分指数	农田灌溉水质分指数	县域农村环境状况指数（Ienv）	县域农村状况分级
成都市	龙泉驿区	83.5	90.0	100.0	—	100.0	—	92.1	优
成都市	双流区	81.3	90.0	100.0	—	88.0	100.0	91.3	优
成都市	郫都区	79.7	92.5	—	—	89.0	—	86.7	良
成都市	金堂县	85.0	83.3	100.0	—	81.0	—	88.6	良
成都市	蒲江县	86.2	80.0	100.0	—	64.0	—	86.2	良
成都市	崇州市	82.9	90.0	100.0	100.0	97.0	—	94.0	优
成都市	简阳市	80.0	82.5	—	100.0	100.0	100.0	90.6	优
自贡市	贡井区	79.4	60.0	100.0	100.0	87.0	—	85.3	良
自贡市	荣县	85.6	90.0	100.0	100.0	97.0	100.0	94.8	优
自贡市	富顺县	87.2	80.0	100.0	100.0	94.0	100.0	92.8	优
攀枝花市	米易县	90.7	87.5	60.0	—	61.0	—	77.6	良
泸州市	江阳区	90.0	90.0	100.0	—	—	—	93.3	优
泸州市	泸县	87.0	60.0	86.7	100.0	100.0	50.0	81.7	良
泸州市	合江县	88.0	90.0	100.0	100.0	100.0	—	95.6	优
德阳市	中江县	86.1	70.0	—	83.3	—	100.0	81.8	良
德阳市	广汉市	88.6	70.0	—	100.0	100.0	—	87.6	良
德阳市	什邡市	95.2	90.0	—	100.0	—	—	95.1	优
德阳市	绵竹市	83.1	90.0	72.0	100.0	100.0	100.0	89.0	良
绵阳市	三台县	88.0	83.3	100.0	100.0	100.0	100.0	94.3	优
绵阳市	北川羌族自治县	100.0	90.0	100.0	100.0	67.0	—	91.4	优
绵阳市	平武县	90.0	90.0	100.0	—	100.0	—	94.0	优
广元市	旺苍县	82.0	93.3	100.0	100.0	100.0	—	95.1	优
广元市	青川县	89.0	90.0	100.0	—	—	—	93.0	优
广元市	苍溪县	86.7	95.0	—	100.0	—	—	93.9	优
遂宁市	船山区	83.0	86.7	100.0	100.0	60.0	—	85.9	良
遂宁市	大英县	85.0	72.5	100.0	100.0	91.0	—	89.7	良
遂宁市	射洪县	81.0	90.0	100.0	100.0	—	—	92.8	优
内江市	隆昌市	82.8	26.7	100.0	—	100.0	—	72.8	一般
内江市	东兴区	89.0	85.0	100.0	100.0	—	—	93.5	优
内江市	资中县	82.0	85.0	100.0	100.0	—	50.0	83.4	良
乐山市	沐川县	80.0	85.0	—	—	97.0	—	85.4	良

所属市	县（区）	空气分指数	地表水分指数	土壤分指数	千吨万人饮用水分指数	生活污水处理设施分指数	农田灌溉水质分指数	县域农村环境状况指数（Ienv）	县域农村状况分级
乐山市	峨边彝族自治县	80.0	90.0	100.0	—	46.0	—	85.6	良
乐山市	马边彝族自治县	80.0	80.0	—	—	73.0	—	78.6	良
乐山市	峨眉山市	88.1	85.0	—	100.0	100.0	—	91.9	优
南充市	南部县	92.0	86.7	100.0	100.0	100.0	—	95.7	优
南充市	仪陇县	92.6	86.7	100.0	93.8	100.0	—	94.6	优
南充市	西充县	90.0	20.0	86.7	100.0	100.0	—	79.3	良
南充市	阆中市	92.8	100.0	100.0	100.0	29.0	—	84.4	良
宜宾市	南溪区	85.6	85.0	—		100.0	—	88.2	良
宜宾市	叙州区	80.0	85.0	100.0	87.5	100.0	—	90.5	优
广安市	广安区	87.0	80.0	100.0	100.0	100.0	100.0	93.4	优
广安市	岳池县	88.0	86.7	100.0	100.0	100.0	—	94.9	优
广安市	武胜县	90.4	86.7	100.0	100.0	100.0	100.0	95.4	优
达州市	宣汉县	83.0	90.0	100.0	100.0	100.0	—	94.6	优
达州市	大竹县	90.0	80.0	100.0	97.2	100.0	100.0	93.4	优
达州市	万源市	90.0	90.0	100.0	100.0	90.0	—	94.0	优
巴中市	通江县	99.0	90.0	—	100.0	100.0	—	96.7	优
巴中市	南江县	93.0	87.5	100.0	100	100.0	—	96.1	优
巴中市	平昌县	92.0	87.5	—	100.0	100.0	—	93.9	优
雅安市	石棉县	98.7	95.0	100.0	100	100.0	—	98.7	优
雅安市	天全县	97.0	95.0	100.0	100	100.0	—	98.4	优
雅安市	宝兴县	92.0	90.0	100.0	100	99.0	—	96.2	优
眉山市	仁寿县	97.8	40.0	84.0	100.0	90.0	100.0	83.4	良
资阳市	雁江区	88.0	—	86.7	91.7	88.0	—	88.7	良
资阳市	安岳县	88.0	80.0	100.0	100	96.0	100.0	93.2	优
资阳市	乐至县	92.0	70.0	—	100.0	47.0	—	80.9	良
阿坝州	九寨沟县	100.0	100.0	100.0	—	—	—	100.0	优
阿坝州	马尔康市	85.0	90.0	86.7	—	—	—	87.2	良
阿坝州	汶川县	88.0	90.0	100.0	—	—	—	92.7	优
阿坝州	理县	100.0	90.0	100.0	—	—	—	96.7	优
阿坝州	茂县	88.0	90.0	100.0	—	—	—	92.7	优

所属市	县（区）	空气分指数	地表水分指数	土壤分指数	千吨万人饮用水分指数	生活污水处理设施分指数	农田灌溉水质分指数	县域农村环境状况指数（Ienv）	县域农村状况分级
阿坝州	松潘县	98.0	90.0	86.7	—	—	—	91.6	优
阿坝州	金川县	100.0	90.0	100.0	—	—	—	96.7	优
阿坝州	小金县	94.0	90.0	100.0	—	—	—	94.7	优
阿坝州	黑水县	97.0	90.0	100.0	—	—	—	95.7	优
阿坝州	阿坝县	87.0	87.5	100.0	—	—	—	91.5	优
阿坝州	若尔盖县	97.0	90.0	100.0	—	—	—	95.7	优
阿坝州	红原县	100.0	90.0	100.0	—	—	—	96.7	优
阿坝州	壤塘县	89.0	90.0	86.7	—	—	—	88.6	良
甘孜州	泸定县	99.6	90.0	100.0	100	100.0	—	97.9	优
甘孜州	丹巴县	99.5	90.0	100.0	—	—	—	96.5	优
甘孜州	九龙县	96.3	90.0	100.0	—	—	—	95.4	优
甘孜州	道孚县	98.8	97.5	73.3	100	—	—	92.4	优
甘孜州	炉霍县	96.1	87.5	100.0	—	—	—	94.5	优
甘孜州	甘孜县	96.7	90.0	100.0	—	—	—	95.6	优
甘孜州	德格县	99.7	90.0	100.0	—	—	—	96.6	优
甘孜州	白玉县	96.8	90.0	100.0	100	—	—	96.7	优
甘孜州	石渠县	93.9	90.0	100.0	100	—	—	96.0	优
甘孜州	理塘县	95.3	90.0	100.0	—	—	—	95.1	优
甘孜州	巴塘县	97.2	92.5	60.0	—	100.0	—	84.9	良
甘孜州	乡城县	98.9	90.0	100.0	—	—	—	96.3	优
甘孜州	得荣县	97.2	90.0	100.0	—	—	—	95.7	优
甘孜州	康定市	98.5	90.0	100.0	100	—	—	97.1	优
甘孜州	雅江县	96.2	90.0	100.0	100	—	—	96.5	优
甘孜州	新龙县	99.3	90.0	100.0	—	—	—	96.4	优
甘孜州	色达县	93.2	90.0	100.0	100	—	—	95.8	优
甘孜州	稻城县	94.0	90.0	100.0	100	—	—	96.0	优
凉山州	木里藏族自治县	100.0	90.0	100.0	—	—	—	96.7	优
凉山州	盐源县	98.0	87.5	—	—	—	—	92.8	优
凉山州	普格县	95.0	82.5	—	100.0	100.0	—	93.3	优
凉山州	布拖县	100.0	85.0	60.0	100	—	—	86.3	良
凉山州	金阳县	94.0	—	—	100	100.0	—	97.6	优

续附表10

所属市	县（区）	空气分指数	地表水分指数	土壤分指数	千吨万人饮用水分指数	生活污水处理设施分指数	农田灌溉水质分指数	县域农村环境状况指数（Ienv）	县域农村状况分级
凉山州	昭觉县	91.0	87.5	100.0	—	—	—	92.8	优
凉山州	喜德县	95.0	85.0	—	—	100.0	—	92.0	优
凉山州	越西县	89.0	85.0	—	—	—	—	87.0	良
凉山州	甘洛县	97.0	87.5	—	—	—	—	92.3	优
凉山州	雷波县	94.0	83.3	—	100.0	—	—	92.4	优
凉山州	宁南县	93.0	80.0	100.0	—	—	—	91.0	优
凉山州	美姑县	94.0	82.5	—	—	—	—	88.3	良

注：县域农村环境状况指数（Ienv）的计算根据每个县开展农村环境监测所涉及的要素情况，分配给各要素相对应的农村环境状况指数评价指标权重。

附表11 2021年四川省生态环境质量监测点位（省控）统计

单位：个

地区名称（地级）	空气			非甲烷总烃站	地表水								声环境			备注
					地表水点位				其中地表水考核点位（省考）							
	空气站	其中考核点位数（省考）	超级站		河流		湖库		河流		湖库		城市区域	道路交通	功能区	
					手工	自动站	手工	自动站	手工	自动站	手工	自动站				
成都市	22	22	1	1	26	32	8	1		24	2		202	193	34	
自贡市	4	4	1	1	4	8	1	1		2	1		105	50	15	
攀枝花市	2	2	0	1	2	2	2	1		2	1		155	52	10	
泸州市	4	4	1	1	5	10				2			128	81	15	
德阳市	5	5	1	1	4	13				3			136	50	10	
绵阳市	6	6	1	1	13	7	4			8	1		168	84	15	
广元市	6	6	0	1	11	7	1			8	1		145	24	7	
遂宁市	5	5	0	1	3	5				2			177	65	11	
内江市	4	4	0	1	3	12				2			105	50	10	
乐山市	10	10	1	1	14	5				8			173	32	7	
南充市	6	6	0	1	5	10	3			3	1		149	84	15	
宜宾市	9	9	0	1	14	13		1		12			136	82	16	
广安市	5	5	0	1	4	7				3			104	20	4	
达州市	9	9	0	1	10	13				8			106	36	15	
巴中市	4	4	0	1	6	11	1			4			203	22	7	
雅安市	7	7	0	1	11	4	2			2	1		202	16	7	
眉山市	6	6	0	1	7	10	2			7	1		105	24	8	
资阳市	2	2	0	1	6	9	3	1		6	1		204	12	8	
阿坝州	13	13	0	1	23	4				11			20	11	6	
甘孜州	17	17	0	1	35	10				6			15	2	2	
凉山州	16	16	0	1	21	6	5			8			100	25	7	
合计	162	162	6	21	227	198	32	5		131	10		2838	1015	226	

注：地表水手工断面省控是以断面所在地统计的，省考是以责任地统计的。